云南省
麦类生产技术问答

于亚雄 王志伟 乔祥梅 黄 锦 ◎ 主编

U0246530

中国农业出版社
北 京

内 容 提 要

　　本书结合云南省农业生产一线需要，采用一问一答的编写方式，清晰明了地回答了目前云南省主要农作物麦类（含小麦和大麦）的生产概况，生长发育的基础知识，主栽品种的特性、栽培要点，主要栽培技术中关键具体操作技术以及病虫草害防治技术。同时为了便于读者知悉 2016 年以来云南省有关麦类方面农业主推技术，本书编入了麦类方面入选2016—2019 年云南省农业主推技术的相关技术标准内容。该书是为促进云南省高原粮仓建设、科技增粮工作而编写的关于麦类作物的实用技术科技图书。本书出发点与着力点就是帮助读者解决目前云南主要农作物麦类生产技术问题，规范技术使用，提高技术到位和就位率，推广普及主要农作物麦类生产实用技术，达到依靠科技，提高云南省粮食生产综合能力、提高云南主要农作物麦类产量与产值的目的，促进云南省主要农作物麦类生产上新的台阶。

前　言

　　发展高原特色农业，对于提高云南省农业发展的质量和效益，增强农产品市场竞争力、促进农民增收、农业增效、促进社会主义新农村建设具有十分重要的意义。《云南省委、云南省人民政府关于加快高原特色农业发展的决定》(以下简称《决定》)、明确提出以加快转变农业发展方式为主线，全力打响"4张名片"、重点建设"6大特色农业"，精心打造"一批优势产业"、着力推进"8大行动"，目的是用现代农业机械装备农业，用现代科技提升农业，用市场理念经营农业，用新型农户发展农业，推进农业区域化布局、标准化生产、规模化种养、产业化经营，着力构建和完善现代农业产业技术体系，提高农业综合生产能力、抗风险能力和市场竞争力，全面提升云南农业发展水平。《决定》中提出的"6大特色农业"，重点是努力夯实高原粮仓，稳定粮食播种面积，进一步提高粮食综合生产能力，把云南建成全国重要的高原粮仓和粮食生产省之一。为顺应云南高原特色农业发展，2016年由云南农业职业技术学院牵头，组织编写出版了《云南主要农作物生产技术问答》，内容涉及水稻、玉米、马铃薯、油菜、麦类等主要农作物。

　　麦类是云南省的主要粮食、饲料、经济和保健作物之一，也是小春第一大作物，年种植面积近1 000万亩*。为贯彻近年来国家供给侧结构改革"绿色、优质专用、高产、高效"发展理念，从保障粮食安全、提高农产品质量、促进农业增效和农民增收、满足消费市场发展需求、助力精准脱贫攻坚、服务乡村振兴建设等角度出发，在《云南主要农作物生产技术问答》一书基础上，总结编写本书，为新形势下云南麦类生产发展提供专业指导。

---

　　* 　15亩＝1公顷——编者注

本书编写重点抓住云南主要农作物麦类生产技术这条主线，围绕关键技术、实用技术、新品种来开展编写工作。本书编写突出以下几个特点：

1. 科学性。本书所涉及的麦类新品种、新技术是实践上成功的、行之有效的，在云南省农业生产上已经广泛应用的，在农业生产上有利于农业增产增效、农民增收的。

2. 实用性。本书介绍的麦类新品种、新技术，主要是针对技术的实用性与操作性，采用一问一答的格式，主要是回答如何做，即什么时期、采用什么农业生产资料、量是多少、如何配比、如何施用等，具有较强可操作性。达到"节本增效、提质增效"的目的，措施到位。

3. 新颖性。本书重点介绍内容是已经进入目前云南农业生产领域或大规模进入农业生产的麦类新品种、新技术，包括得到改进的传统技术，很多是目前云南主推技术与主导品种，符合云南农业生产新技术推广的要求。

本书共六章，第一章主要介绍云南麦类生产概况，第二章重点介绍麦类生长发育基础知识，第三章重点介绍云南麦类主栽品种情况，第四章重点介绍云南麦类主要栽培技术要点，第五章重点介绍云南麦类主要病虫草害防治技术要点，第六章编入了麦类方面入选 2016—2019 年云南省农业主推技术的相关技术标准内容。

本书介绍的主要作物新品种，都是经过国家、省级品种委员会审定通过品种，可因地制宜选择推广、应用。有极少数品种，具有优良性状，有推广前景，暂时未通过审定，本书也做了介绍，可作为引种试验选育，不可大面积推广。本书语言文字朴实，通俗易懂，易于理解。编写采用法定的、规范的计量单位，惟面积单位，按照传统习惯，特例使用亩、万亩，特作说明。

本书可供云南省基层农技人员、种植类专业合作社技术骨干、种植大户、农业企业技术员、农民技术员以及农业生产管理者参考。

由于编者水平有限，书中不当之处，恳请各位专家学者和读者批评指正。

编　者

2019 年 10 月

目　录

第一章　云南省麦类生产概况

第一节　云南麦类生产

1. 麦类有哪些类别?

答:麦类这里是指普通小麦、大麦。其中,小麦从品种上可分为冬性品种、半冬性品种、春性品种。根据播种期分为冬播、春播两大类。大麦可分皮大麦和裸大麦,裸大麦又称青稞。

2. 云南麦类种植基本情况是什么?

答:麦类是云南省的主要粮食、饲料、经济和保健作物之一,也是小春第一大作物,年种植面积近1 000万亩。近年来由于种植业结构的调整,小麦播种面积有所下降,大麦生产发展较快。据云南省调查总队统计,2018年全省小麦播种面积644.1万亩,总产92.1万吨,分别占全年粮食播种面积和总产的10.3%和4.9%。随着啤、饲工业和青稞保健产业的快速发展,大麦生产发展迅速,据统计2018年全省大麦种植面积382.8万亩,约占全国总面积1 840万亩的20.8%,成为全国第一大种植区。

3. 近年来,云南小麦的产量是多少?

答:小麦的亩产全省常年在150千克左右,其中旱地小麦100~140千克,田小麦250~350千克。2012年6月10日农业部小麦专家指导组(赵广才、汤永禄)及云南省内有关专家,对云麦53在丽江的高产试验田进行了现场实打验收,结果亩产为724.5千克,较此前西南片区小麦最高单产710.7千克高出13.8千克,刷新了西南片区小麦实收最高单产记录;2015年云麦53在丽江再次达到 700 千克的产量。

4. 近年来，云南大麦的产量是多少？

答：大麦的亩产全省常年在 180 千克左右，其中旱地大麦 120～160 千克，田大麦 300～400 千克。2009 年 4 月 17 日，经云南省农业技术推广总站、云南省种子管理站等单位有关专家组成的省级专家组现场实收，罗坪村啤饲兼用大麦新品种云大麦 2 号 206 亩连片高产样板平均亩产 629.6 千克，最高单产 720.8 千克，刷新了我国百亩连片大麦平均亩产和大麦最高单产纪录，创下历史新高。2016 年在丽江创造了大麦单产 756.6 千克、青稞单产 608.2 千克两项全国最高产量纪录，在大理创造了大麦千亩连片平均单产 608.23 千克的全国最高产量纪录。

2019 年 5 月 9 日，由丽江市农业农村局主持，邀请市县相关专家组成验收组，对云南省农业科学院粮食作物研究所与玉龙县农业农村局农技推广中心在黎明乡茨科村委会大塘二组实施的云大麦 12 号（裸）103 亩高产攻关示范片中抽取两户村民田块进行实产验收，两田块均全田机收，扣除杂质，按 13％的标准含水量折算，第一田块秦宇山户面积 1.14 亩，实收亩产 627.5 千克，第二田块李建明户面积 1.05 亩，实收亩产 616.9 千克。以上两田块单产均突破了 2016 年 5 月 8 日由云南省农业厅主持验收的云大麦 12 号（裸）608.2 千克的全国青稞最高产量纪录。

第二节　云南麦类重点种植地区

1. 云南小麦种植区划分为哪几个区？

答：1986 年杨昌寿、刘基一等按照小麦生长发育所需的生态条件以及云南省自然气候实际情况为主要依据，结合全省各地现有小麦分布、生产水平、大小春节令的程度、发展方向和关键措施的地域差异，将云南省小麦种植区划分为三个大区，即滇北晚熟麦区、滇中中熟麦区、滇南早熟麦区。

2. 滇北晚熟麦区特点是什么？

答：本区位于北纬 26°以北纬 29°以南，包括滇东北的昭通地区、曲靖市及滇西北丽江市、迪庆藏族自治州（以下简称迪庆州）、怒江傈僳族自治州（以下简称怒江州）的大部分。该区为晚熟麦区，以种植半冬性或弱春性品种为主。小麦种植面积常年在150万～200万亩。本区"立体气候"特征显著，高寒层和中暖层比重较大，高寒山区的土壤多为棕壤和草甸土，一般山区则以红壤为主，旱地面积大，水田面积只占耕地15%左右。小麦全生育期中平均日照在5.48～8.1小时，平均温度10℃左右，旬平均温度低于10℃的旬数达12～15旬，初霜期在10月中旬，终霜期为5月上旬，霜期长。小麦生育期中降水量在80～150毫米之间。

3. 滇中中熟麦区特点是什么？

答：本区大部分地区处于北纬24°～26°之间，24°以南部分高海拔温热地区及26°以北低海拔温热地区也划属本区。该区为中熟麦区，以种植弱春性和春性品种为主。小麦种植面积约500万～600万亩，是云南省最大的小麦产区。全区地域广阔，气候水平分布复杂，垂直分带明显，影响小麦生育期早迟不一，海拔1 600米左右地区，小麦生育期160～185天，大小春间节令无明显的矛盾。海拔1 900米左右地区小麦生育期185～200天，大小春间节令有一定矛盾。本区耕地条件比较优越，坝区面积较大，水利条件较好，总有效灌溉面积达45%，水田占耕地面积50%左右，坝区及河谷附近为冲积性及湖积性土质，一般山区为红壤、紫色土。本区气候特点是气候温和，日照充足，冬春干旱及霜害较重，霜期110～165天，小麦生育期中平均日照为5.57～8.3小时，平均温度为10～14℃，旬平均温度低于10℃的旬数7～10旬。小麦全生育期常年降水量在90～220毫米。

4. 滇南早熟麦区特点是什么？

答：本区绝大部分分布在北纬25°以南的地区，包括德宏、临沧、普洱、西双版纳、红河以及文山等地州的全部或大部分。该区为早熟麦区，以种植春性小麦品种为主。以种植春性小麦品种为主。小麦常年种植面积200万～300万亩。土壤多属砖红壤性红壤。坝区、河流附近有冲积性水稻土，有效灌溉面积为28.7%～33%。小麦生长期中平均日照时数5.8～7.13小时，平均温度为12.5～16.8℃，平均最低温度均在0℃以上，一般无10℃以下旬均温，霜期短或无霜，小麦生育期降水量常年在100～270毫米。

5. 优质麦类生产分区分为哪几个区？

答：借鉴上述小麦种植区划，将云南小麦划分为三大品质区划。滇东北、滇西北建立强、中筋粉麦区，滇中建立中筋粉麦区，滇南、滇西南建立弱、中筋粉麦区。

在滇中及滇西建立优质啤、饲大麦区。

6. 滇东北、滇西北建立强、中筋粉麦区特点是什么？

答：该地区气候冷凉，光照充足，昼夜温差大，小麦生育期长，有利于营养物质积累，小麦蛋白质含量、湿面筋含量、沉降值等较高，面筋质量中至中强，烘烤和蒸煮品质为中上等。本区可通过选用优质面包小麦品种，建立优质面包小麦基地；同时注重选用适于制作馒头、面条等蒸煮类的优质小麦品种，重点发展优质强筋和中强筋小麦。

7. 滇中建立中筋粉麦区特点是什么？

答：该地区气候温和，日照充足，冬春干旱及霜害较重，自然生态条件优越，土壤肥沃，栽培条件较好，生产水平和产量水平较高，面筋质量一般，烘烤品质中等，蒸煮品质表现较好，是云南省生产中筋粉—馒头、面条等蒸煮类小麦的区域，重点发展优质中筋和中强筋小麦。但在高海拔温凉地区的旱地上，若选育优质品种，也可建立强筋小麦生产基地。

8. 滇南、滇西南建立弱、中筋粉麦区特点是什么？

答：该地区昼夜温差大，小麦生长后期易发生高温逼熟现象，严重影响小麦品质，蛋白质和湿面筋含量偏低，沉降值较低、面筋质量弱，烘烤品质相对差，蒸煮品质一般，重点发展优质弱筋和中筋小麦。本区的气候条件和土壤状况是种植饼干、糕点专用小麦的理想地区。

9. 云南大麦种植区划分为哪几个区？

答：云南属青藏高原裸大麦区和云贵高原冬大麦区，根据自然条件、耕作制度及品种特点等综合因素分析，云南栽培大麦还可进一步划分为 4 个生态区：①滇西北高原春播裸大麦区；②滇西北冬播中、晚熟大麦区；③滇中冬播中熟大麦区；④滇南、滇西南低热早熟冬播大麦区。

10. 滇中及滇西优质啤、饲大麦区特点是什么？

答：围绕啤、饲工业以及青稞保健产业的迅速发展和需求，在大理、曲靖、保山、楚雄、临沧、丽江等滇中及滇西部，尤其是烟麦和稻麦两熟有矛盾的地区，进一步扩大啤饲大麦和青稞种植面积。

第三节 云南省麦类种业平台

1. 云南省麦类育种平台构成情况是什么？

答：云南省麦类育种平台构成情况是国家小麦改良中心云南分中心（省农科院粮作所），云南省农业科学院麦类遗传育种省创新团队，国家夏繁基地（寻甸），国家冬繁基地（元谋）。

2. 云南省麦类良种繁育基地分布情况是什么？

答：云南省麦类良种繁育基地有国家大麦良种繁育基地（弥渡），小麦良种繁育基地（临沧），国家弱筋小麦原原种繁育基地（大理），国家小麦原种繁育基地（曲靖）。

3. 云南省麦类种业发展基本情况如何？

答：2006年以来，按照改革要求，各地出台了一系列扶持政策，鼓励原农业系统种子企业职工改变身份，领办、创办民营种子企业，扶持、引导国有、民营、个体等各种所有制成分资本参与种业开发，为种子产业长足发展创造了条件。目前在云南省从事麦类种子生产经营的有云南种业集团有限责任公司、宜丰种业有限公司、云南楚源种业有限责任公司等。

第四节 今后麦类发展特点

1. 今后麦类发展的思路是什么？

答：围绕"稳定面积、优化布局、提高单产、改良品质、提升效益"的总体思路，以科学发展观为指导，以农民增收为核心，以市场为导向，以科技为支撑，以产业化开发为带动，进一步优化麦类品种和品质结构，提高麦类机械化应用水平，节本提效，加快实施区域化布局、标准化生产、产业化经营，实现云南省麦类生产的高产、优质、高效、生态、安全，全面提升麦类综合生产能力和竞争力。

2. 今后麦类发展的目标是什么?

答:到 2020 年,全省麦类种植面积稳定在 900 万亩,其中小麦稳定在 500 万亩,大麦发展到 400 万亩,实现总产 145.5 万吨。在全省选择 100 个优势县,重点建设 600 万亩优质小麦和啤饲大麦生产基地。滇东北、滇西北重点发展强、中筋优质小麦,滇中重点发展中筋优质小麦,滇南、滇西南重点发展弱、中筋优质小麦。

滇中及滇西部分地区重点发展优质啤、饲大麦。

3. 今后麦类发展的重点在哪里?

答:小麦以滇东北、滇南、滇西南、滇西部分地区、滇西北部分地区以及其他高海拔地区为重点,稳定种植面积,根据口粮需要,调优品种结构,保持产量提高质量。滇中、滇东以及滇西部分地区、滇西北部分地区,积极调整结构,进一步扩大啤、饲大麦种植面积,依靠科技,提高单产。到 2020 年,使全省麦类播种面积稳定在 900 万亩,总产量 145.5 万吨。

4. 小麦品质包括哪些方面含义?

答:小麦品质主要是指形态品质、营养品质和加工品质。形态品质包括籽粒形状、籽粒整齐度、腹沟深浅、千粒重、容重、病虫粒率、粒色和胚乳质地(角质率、硬度)等。营养品质包括蛋白质、淀粉、脂肪、核酸、维生素、矿物质的含量和质量。其中蛋白质又可分为清蛋白、球蛋白、醇溶蛋白和麦谷蛋白,淀粉又可分为直链淀粉和支链淀粉。加工品质可分为制粉品质和食品品质。其中制粉品质包括出粉率、容重、籽粒硬度、面粉白度和灰分含量等,食品品质包括面粉品质、面团品质、烘焙品质、蒸煮品质等。

5. 什么是强筋、中筋和弱筋小麦?

答:强筋小麦是籽粒硬质,蛋白质含量高,面筋强度强,延伸性好,适于生产面包粉以及搭配生产其他专用粉的小麦。中筋小麦是籽粒硬质或半硬质,蛋白质含量和面筋强度中等,延伸性好,适于制作面条或馒头的小麦。弱筋小麦是籽粒软质,蛋白质含量低,面筋强度弱,延伸性较好,适于制作饼干、糕点的小麦。

6. 目前生产上种植的主要优质小麦品种有哪些?

答:有优质弱筋小麦品种云麦47、云麦51和云麦68,优质中筋小麦品种云麦50、云麦53、云麦54、云麦56、云麦64、临麦6号、凤麦35、楚麦6、靖麦12、宜麦1号、川麦107,优质强筋小麦品种云麦42、云选11-12、云麦57。

7. 啤酒大麦质量标准是什么?

答:啤酒大麦是指酿造啤酒的专用大麦品种,其品质好坏直接影响到啤酒的产量和质量。根据国家标准GB7416—2008,啤酒大麦质量标准包括感官标准和理化标准(表1-1和表1-2),质量标准分三个等级,优级为国际先进标准,一级为国际一级标准,二级为国内一般标准。

表1-1 感官要求

项目	优级	一级	二级
外观	淡黄色具有光泽,无病斑粒	淡黄色或黄色,稍有光泽,无病斑粒①	黄色,无病斑粒①
气味	有原大麦固有的香气,无霉味和其他异味	无霉味和其他异味	无霉味和其他异味

注:①此处指检疫对象所规定的病斑数。

表1-2 理化要求

项目	二棱			多棱		
	优级	一级	二级	优级	一级	二级
夹杂物(%) ≤	1.0	1.5	2.0	1.0	1.5	2.0
破损率(%) ≤	0.5	1.0	1.5	0.5	1.0	1.5
水分(%) ≤	12.0		13.0	12.0		13.0
千粒重(以干基计)(克)≥	38.0	35.0	32.0	37.0	33.0	28.0
3天发芽率(%)≥	95	92	85	95	92	85
5天发芽率(%)≥	97	95	90	97	95	90
蛋白质(以干基计)(%)	10.0~12.5		9.0~13.5	10.0~12.5		9.0~13.5
饱满粒(腹径≥2.5毫米)(%)≥	85.0	80.0	70.0	80.0	75.0	60.0
瘦小粒(腹径<2.2毫米)(%)≤	4.0	5.0	6.0	4.0	6.0	8.0

8. 饲料大麦质量标准是什么?

答:饲料大麦分为饲料用皮大麦和饲料用裸大麦,根据国家标准 NY/T210—1992 和 OB10367—89 (摘要),饲料用大麦以粗蛋白质、粗纤维、粗灰分为质量控制指标,按含量分为三级 (表 1 - 3 和表 1 - 4)。

表 1 - 3 饲料用皮大麦的质量标准 (OB10367—89)

等级项目名称	一级	二级	三级
粗蛋白质(%)	≥11.0	≥10.0	≥9.0
粗纤维(%)	<5.0	<5.5	<6.0
粗灰分(%)	<3.0	<3.0	<3.0

表 1 - 4 饲料用裸大麦的质量标准 (NY/T210—1992)

等级项目名称	一级	二级	三级
粗蛋白质(%)	≥13.0	≥11.0	≥9.0
粗纤维(%)	<2.0	<2.5	<3.0
粗灰分(%)	<2.0	<2.5	<3.5

9. 啤酒大麦与饲料大麦有什么区别?啤酒大麦可以用作饲料吗?青稞可以用作啤酒大麦吗?

答:在植物学上,啤酒大麦与饲料大麦从形态上并无严格的区别,但在籽粒性状和内在质量上有一些特殊要求。其中最大的区别就是啤酒大麦蛋白质的含量不能过高,否则会使麦粒溶解难度大,酿造出的啤酒易浑浊,保存期短;而饲料大麦则要求蛋白质含量尽可能高,适口性好。啤酒大麦可以用作饲料,而饲料大麦却不一定能用作啤酒大麦。青稞不能用作啤酒大麦,但却是优质的饲料大麦,因为青稞中蛋白质含量一般为 13% 以上。

10. 与玉米相比大麦作为饲料有哪些优点?

答:与"饲料之王"玉米相比,大麦粗脂肪含量约 2.2%,低于玉米的 3.6%;淀粉含量约 64.4%,低于玉米的 71.9%,高于小麦的 63.8%。但其蛋白质平均为 11%(玉米为 8.7%)是玉米的 1.3 倍,消化率比玉米高 18%,

所含氨基酸有 18 种含量高于玉米，赖氨酸是玉米的 1.7 倍，色氨酸 2.3 倍，烟酸是玉米的 2.1 倍，特别是有助畜禽增强免疫力的碘含量比玉米高 3 倍以上。由此可见，与玉米相比，大麦在蛋白质含量和质量上都明显优于玉米。

11. 为什么说青稞是优异的保健品？

答：因为青稞有着广泛的营养价值和特殊功效，营养保健作用是其他粮食作物无法比拟的。①β-葡聚糖：是世界上麦类作物中 β-葡聚糖最高的作物，据检测青稞 β-葡聚糖平均含量为 6.57%，是小麦平均含量的 50 倍。β-葡聚糖通过减少肠道黏膜与致癌物质的接触和间接抑制致癌微生物作用来预防结肠癌；通过降血脂和降胆固醇的合成预防心血管疾病；通过控制血糖防治糖尿病；具有提高机体防御能力、调节生理节律的作用。②青稞的膳食纤维含量 16%，其中不可溶性疗效纤维 9.68%，可溶性疗效纤维 6.37%，前者是小麦的 8 倍，后者是小麦的 15 倍。膳食纤维具有清肠通便，清除体内毒素的良好功效，是人体消化系统的清道夫。③青稞淀粉成分独特，普遍含有 74%～78% 的支链淀粉，近年西藏自治区农牧科学院培育的新品种青稞 25 支链淀粉达到或接近 100%。支链淀粉含大量凝胶黏液，加热后呈弱碱性，对胃酸过多有抑制作用。对病灶可起到缓解和屏障保护作用。④稀有营养成分：每 100 克青稞面粉中含硫胺素（维生素 B_1）0.32 毫克，核黄素（维生素 B_2）0.21 毫克，烟酸 3.6 毫克；维生素 E 0.25 毫克。这些物质对促进人体健康发育均有积极的作用关系。⑤微量元素：含有多种有益人体健康的无机元素钙、磷、铁、铜、锌和微量元素硒等矿物元素。硒是联合国卫生组织确定的人体必需的微量元素，而且是该组织目前唯一认定的防癌抗癌元素。

第二章　麦类生长发育基础知识

1. 什么是麦类的生育期和生育时期？

答：栽培学上，把麦类从种子萌发、出苗至新种子成熟这一过程所经历的天数称为麦类的生育期或全生育期。在麦类的整个生活周期内，其本身要经过一系列质上不同的发育阶段，同时，在这些不同的发育阶段里依一定的顺序形成相应的器官，使植株形态特征发生明显的变化。这些主要特征出现的日期叫麦类的生育时期。

2. 麦类的生育时期划分为哪些？

答：云南省受气候条件限制，麦类生长无明显越冬、返青和起身等生育时期，故云南省小麦各生育时期主要划分为：播种、出苗、分蘖、拔节、孕穗、抽穗、开花、灌浆、成熟九个生育时期。

3. 麦类的生长阶段是如何划分的？

答：麦类生育期可划分为三个生长阶段：①营养生长阶段：从萌发到幼穗开始分化（分蘖期），生育特点是生根、长叶和分蘖，表现为单纯的营养器官生长，是决定单位面积穗数的主要时期。②营养生长和生殖生长并进阶段：从分蘖末期到抽穗期，是根、茎、叶继续生长和结实器官分化形成并进期，是决定穗粒数主要时期。③生殖生长阶段：从抽穗到籽粒灌浆成熟，是决定粒重的时期。

4. 什么是麦类的发育阶段？什么是春化阶段（感温阶段）？什么是光照阶段（感光阶段）？

答：麦类从萌发到结实，除了需要有充足的水分、养分和适宜的温度条件外，还必须具有保证其正常发育的其他条件。在这些特定条件下，麦类植株内部在发生一系列质的变化后才能由营养生长转向生殖生长。麦类在完成其阶段发育的过程中所经历的每一个质变的阶段，即称为麦类的发育阶段。麦类要从营养生长过渡到生殖生长，必须经过两个发育阶段，即春化阶段和光照阶段。

在适宜的光、水、养、气等综合外界环境条件下，麦类萌动的胚或幼苗幼嫩的茎生长点必须经过一定时间和一定程度的低温才能正常抽穗、结实，如果一直处在较高温度条件下，则不能形成结实器官。麦类这种以低温为主导因素的发育阶段就称为春化阶段或感温阶段。此时期起主导作用的是适宜的温度条件，不同的麦类品种对温度及所需天数要求不同。

麦类通过春化阶段以后，在适宜的温、水、养、气等综合外界环境条件下，其幼苗的茎生长点对每天的光照时数和光照持续日数的多少反应特别敏感，光照时数较少或光照持续日数不足，不能抽穗、结实；如果给予连续光照，则可加速抽穗、结实。麦类的这种以光照为主导因素的发育阶段就称为光照阶段或感光阶段。

5. 小麦冬性、半冬性和春性品种是如何划分的？

答：根据小麦通过春化阶段要求的温度和日数，可以把小麦分为以下三种类型。

（1）冬性品种：该类型品种对温度的要求极为敏感，通过春化的适宜温度是 0～3℃，需 35 天以上。温度过高，春化过程减慢，温度高于 8℃以上或积累的日数不足均不能通过春化阶段，小麦植株常表现为只分蘖不抽穗。云南省该类型品种极少。

（2）半冬性品种：该类型品种春化的适宜温度是 0～7℃，需 15～35 天。

（3）春性品种：该类型品种对温度要求不甚严格，需历时 5～15 天，原产我国南方冬播的春性品种春化处理的温度 0～12℃较适宜，原产北方春播的春性品种春化处理的温度 15℃较适宜。该类型品种在云南省春、夏、秋播均能正常抽穗结实，目前云南省冬播小麦生产上应用的品种均为此类型。

6. 大麦的冬性、半冬性和春性品种是如何划分的？

答：冬性品种通过春化阶段所需的温度范围小，适宜温度是 0～8℃，所需时间 20～45 天，自然条件下春播不能抽穗。春性品种：通过春化阶段所需的温度范围大，在 10～25℃范围内可以完成春化，所需时间 5～10 天，春播和夏播都能抽穗。半冬性品种通过春化阶段所需的温度和时间，介于冬性品种和春性品种之间。

7. 小麦对日照长短的反应有几种类型？

答：根据小麦对日照长度的反应，我国的小麦品种可以分为反应迟钝、中等反应和反应敏感三种类型。

（1）反应敏感型品种：该类型品种在每天 8～12 小时日照条件下，经 16 天以上，均能通过光照阶段。一般南方种植的春性品种属于该类型。

（2）反应中等型品种：该类型品种在每天 8 小时日照条件下不能通过光照阶段而抽穗，但在 12 小时日照条件下经 24 天可以通过光照阶段抽穗。一般半冬性品种属于该类型。

（3）反应迟钝型品种：该类型品种在每天 12 小时以上日照条件下，经 30～40天才能通过光照阶段。一般冬性品种及北方地区的春性品种属于该类型。

8. 什么是麦类种子的休眠期？影响麦类种子休眠期的因素有哪些？

答：麦类种子要萌发必须经过从形态成熟到生理成熟的过程，这一过程称为种子休眠期，又称种子后熟期。种子的休眠期长短因不同品种而不同，长者 1～2 个月，春小麦可达 6～7 个月；短者可于形态成熟同时完成生理成熟，因而成熟遇雨极易发生穗发芽，造成减产。未充分成熟的麦粒，休眠期比充分成熟种子差。一般白皮种子比红皮种子休眠短（小麦），裸大麦较皮大麦休眠期短，易发生穗发芽。高温干燥可以促进种子生理成熟，提高发芽率。麦粒在 8～10℃低温下发芽率提高，是由于低温下，氧气在水中溶解度增加，麦粒不断吸水，氧气随之进入，满足了发芽对于氧气要求。

9. 怎样测定种子发芽势和发芽率？

答：麦类种子的发芽率是指 100 粒种子 7 天内的发芽粒数，发芽势是指 100 粒种子中 3 天内集中发芽的粒数。小麦种子在储藏期间如保管不善，受潮受热，都易引起霉变或虫蛀而降低发芽率。播种前应做好发芽试验，避免因发芽率过低而造成出苗不好的损失，并为确定播种量提供依据。可采用以下两种方法：

直接法。用培养皿、碟子等，铺几层经蒸煮消毒的吸水纸或卫生纸，预先浸湿，将种子放在上面，然后加清水，淹没种子，浸 4～6 小时，使其充分吸水，再把淹没的水倒出，把种子摆匀盖好，以后随时加水保持湿润。也可用经消毒的纱布浸湿，把种子摆在上面，卷成卷，放在温度适宜的地方，随时喷水保持湿润，逐日检查记录发芽粒数。

间接法。来不及用直接法测定发芽率时，也可采用间接法，即染色法。先把种子浸于清水中 2 小时，捞出后取 200 粒分成等量两份测定。用刀片从小麦腹沟处通过胚部切成两半，取其一半，浸入红墨水 10 倍稀释液中 1 分钟，捞出用清水洗涤，立即观察胚部着色情况。种胚未染色的是有生活力的种子，完全染色的为无生活力的种子，部分斑点着色的是生活力弱的种子。这种测定结果，与直接作发芽试验的结果基本一致。但连部分斑点着色的种子计算在内，此法测定的发芽率略显偏高，因一些发芽率弱的种子实际不能发芽。

10. 麦类种子萌发要经历哪几个阶段？

答：麦类种子的萌发一般要经历吸水膨胀过程（物理化学过程）、物质转化过程（生物化学过程）和生物过程三个连续而又彼此不相同的阶段过程。

（1）吸水膨胀过程（物理化学过程）：吸胀是麦类种子萌发的第一步。晒干的种子，一般含水 12%～13%，在这种情况下，其内淀粉、蛋白质、脂肪等呈凝胶状态，当种子吸水后，变成溶胶状态，体积增大，产生强大的膨压，促使种子萌发。

（2）物质转化过程（生物化学过程）：在种子吸胀过程中，细胞含水量剧增，且大部分以自由水状态存在，于是促进酶的诱导、分泌或酶的激活，使酶的活动加强，一方面将胚乳中贮藏的营养物质转化为可溶性的简单物质；另一方面胚细胞吸收这些物质，并进一步把它们合成新的复杂的有机物。

（3）生物过程：当籽粒吸水达自身重量的 45%～50% 时，胚根鞘首先突破皮层而萌发——露白。接着胚芽鞘也破皮而出，一般胚根生长快于胚芽，当胚根伸出种皮长达种子长度，胚芽达到种子的一半时，称为发芽。

11. 为什么好种子有时在田间出苗不好？

答：合格的商品麦类种子，一般发芽率在 90%～95%。但在大田生产条件下，往往只有 70%～80% 能出苗，有时还不足 50%。这主要是由于田间不能充分满足麦类种子发芽的条件。麦类种子发芽需要三个基本条件：

温度。麦类种子发芽的低温度是 1～2℃，最适 15～20℃，最高 30～35℃。在适宜温度范围内，种子发育快，发芽率也高，而且长出来的麦苗也健壮。温度过低，不仅出苗时间会大大推迟，并且种子容易感染病害，形成烂籽。

水分。麦类种子必须吸收足够的水分（达到种子重量的 45%～50%）才能发芽。播种后，土壤水分不足或过多，都能影响出苗率和出苗整齐度。麦类种子发芽适宜的土壤含水量为田间持水量的 60%～70%。因此，在播种前一定要检查土壤墒情，如果墒情不足，应先浇好底墒水。

氧气。种子萌发和出苗都需要有充足的氧气。在土壤黏重、湿度过大、地表板结的情况下，种子往往由于缺乏氧气而不能萌发，即使勉强出苗，生长也很细弱。

12. 麦类分蘖的消长有什么规律？

答：分蘖的发生、生长、成穗及消亡的过程称为分蘖的消长过程。适期播种的小麦，一般在出苗后 10～20 天开始分蘖，随着叶龄进展，分蘖数量不断增加，形成冬前分蘖的高峰。越冬期间北方冬麦区有稳定的封冻时期，分蘖生长停止，翌年春季气温回升后继续发生，分蘖动态呈双峰曲线。南方冬麦区冬季较温暖，没有显著的分蘖停止期，拔节期分蘖达到最高峰，分蘖动态为单峰曲线。

13. 什么是麦类分蘖的两极分化？分蘖两极分化产生的原因？

答：麦类起身拔节以后，有效分蘖迅速拔节、抽穗，而无效分蘖迅速死亡的现象，称为分蘖的两极分化。空心蘖和缩心蘖的出现标志着麦类分蘖两极分化的开始。

分蘖两极分化的产生具有 3 个方面的原因。首先与分蘖的幼穗发育程度有关。拔节期主茎穗开始雌雄蕊分化，此时，穗分化时期能赶上主茎的分蘖一般可以成穗。其次受营养物质分配的影响。拔节以后主茎运往分蘖的有机物很少，导致所有分蘖不能同步生长发育，出现自然竞争的局面。三是与各蘖的大小及所处的环境条件有关。大蘖有自己的独立根系，叶面积大，而且它们的叶片处于小蘖的上方，能够得到较充足的光照条件，合成的有机养分多，能满足自己生长发育的需要，所以能成穗；而小蘖则相反。

14. 影响分蘖的因素有哪些？

答：影响分蘖的因素有内因品种特性，外因温度、水分光照和矿质养分等。

（1）品种特性。品种特性为影响分蘖的内部因素。麦类分蘖力的高低是遗传特性的表现，不同品种的分蘖力是不同的。一般来说，冬性品种分蘖力强，春性品种分蘖力弱；同一品种大粒种子分蘖力强，小粒种子分蘖力弱。一般二棱大麦分蘖力强，多棱大麦分蘖力弱，皮大麦的分蘖力强于裸大麦。大麦与小麦相比，分蘖发生早，分蘖期长，单株分蘖力强，分蘖数量多。

（2）温度。温度是影响麦类分蘖生长发育的重要因素。分蘖的适宜温度为13～18℃，最低温度为 2～4℃，低于13℃或高于18℃会受到抑制。在日平均温度14℃以上时，从出苗到分蘖只需 15 天左右，10℃以下需 20～25 天。

（3）水分。分蘖的适宜土壤湿度为田间最大持水量的 70%～80%。土壤过于干旱会抑制分蘖的产生，土壤水分在田间持水量的 50% 以下，会影响分蘖的生长。如果土壤水分过多，超过田间持水量的 80%～90% 时，由于土壤缺氧，会造成苗瘦苗黄，分蘖迟迟不发生。

（4）光照。麦田光照不足，使分蘖得不到充足的有机营养，分蘖发生过程慢，甚至停止分蘖。光照对分蘖的影响，在生产上表现为密度的影响。基本苗少，单株营养面积大，群体光照条件好，分蘖力和成穗率则高。反之，则分蘖力和成穗率均降低。

（5）矿质养分。分蘖的发育需要大量的可溶性氮素及磷酸。苗期、分蘖初期或分蘖盛期施氮肥，对于促进分蘖增生作用十分明显。氮素不足，分蘖减少。氮有促进分蘖的作用，特别是氮磷钾配合使用，对促进分蘖，提高成穗率和增加亩穗数有明显促进作用。

（6）播种和盖土深度。麦类播种和种子盖土深度对分蘖发生有很大的影响。播种太浅，若干旱，会使分蘖节处在干土层中，小麦分蘖力下降。若播种过深，幼苗要消耗大量营养物质产生地下茎，把分蘖顶到地表下 2～4 厘米处。播种越深，地下茎就越长，消耗的营养物质越多，出土的幼苗就弱，因而植株分蘖显著减少。

15. 麦类什么时候收获最好？

答：俗话说"九成熟，十成收，十成熟，一成丢"，等到麦类植株完全干枯后再收获时,麦类茎、秆、叶以及根基等已不能再制造和积累养分,但这些营养体仍需要消耗养分进行呼吸,后果是粒重降低。过早收获也不利,一些晚熟麦田为就便机收而提前收割,麦类籽粒鲜重并未下降还在上升,产量和品质损失较大。麦类人工收割以蜡熟中期为宜,机械收割以完熟初期为宜。蜡熟中末期,全株转黄,茎秆仍有弹性,籽粒黄色稍硬,含水量20%~25%;完熟初期叶片基本枯黄,籽粒变硬,呈品种本色,含水量20%以下。

16. 冬小麦不同生育时期的耗水特点是什么?

答:冬小麦不同生育期的耗水特点,主要表现在三个阶段。

(1)出苗到拔节前。出苗后日平均气温降低,小麦日耗水量下降,出苗到越冬前,耗水量占整个生育时期耗水重量的15%~19%,越冬到返青含水量占整个生育时期耗水总量的5%~10%,返青到拔节以前虽气温升高,日耗水量增至0.7~1.4立方米/亩,但耗水只占整个生育时期耗水总量的12%左右。总之拔节前,小麦发育生长时间虽占整个生育期的2/3或以上,但耗水量只占整个生育时期耗水总量的30%~40%。

(2)拔节到抽穗前。小麦进入旺盛生长时期,耗水量急剧增加,其中挑旗期是小麦一生对水分要求最敏感的时期,称为需水临界期。这段时间1个月左右,耗水量占整个生育时期耗水总量的20%~35%,日耗水2立方米/亩以上。

(3)抽穗到成熟。时间35天左右,耗水占整个生育时期耗水总量的26%~42%,日耗水量在抽穗到开花期达最大3立方米/亩以上。

17. 小麦不同生育时期对营养物质需求是如何变化的?

答:小麦苗期对养分的需求十分敏感,充足的氮能使幼苗提早分蘖,促进叶片和根系生长,磷素和钾素营养能促进根系发育,提高小麦抗寒和抗旱能力。小麦分蘖、拔节需要较多的矿质营养,特别对磷和钾的需要量增加,氮素主要用于增加有效分蘖数及茎叶生长,钾用于促进光合作用和小麦茎基部组织坚韧性,还能促进植株内营养物质的运转。小麦抽穗后养分供应状况直接影响穗的发育。供应适量的氮肥,可减少小花退化,增加穗粒数。磷对小花和花粉粒的形成发育以及籽粒灌浆有明显的促进作用。钾对增加粒重和籽粒品质有较好的作用。小麦开花后,根系的吸收能力减弱,植株体内的养分能进行转化和再分配,但后期可通过叶面喷肥供给适量的磷钾肥,以促进植株体内的含氮有机物和糖向籽粒转移，提高千粒重。小麦正常生长发育还需吸收少量的微量元素，例如，锌能提高小麦有效穗数，增加每穗粒数，提高千粒重；钼能提高小麦有效分蘖率，增加穗数。

18. 小麦不同生育时期的需肥特点是什么？

答：（1）出苗到拔节前。这一阶段小麦生长发育需肥较少，为了使幼苗早分蘖，早发根，培育壮苗，需要适量的氮素营养和一定量的磷、钾营养。

（2）拔节到孕穗。这一阶段小麦茎叶迅速生长，幼穗分化形成，是小麦一生吸收营养最多的时期。氮的吸收有两个高峰，一个是分蘖到越冬始期，麦苗虽小，但需要量较大，占总需要量的 20% 左右；另一个是拔节到开花期，植株生长迅速，需要量急剧增加，占总量的 30%～40%。随着小麦生长的推移逐渐增多，到拔节以后，磷、钾的需要量大为增加，其中以拔节到开花期间为最多，分别占总需要量的 40.78% 和 40.28%。因此，在此阶段，需要加强氮素营养，以此巩固年前分蘖、提高分蘖成穗率，并配合适当的磷、钾营养，以达到促壮秆增穗、增粒的目的。

（3）从孕穗到成熟。乳熟以前小麦生长发育应有良好的氮素营养，以延长上部各叶的功能期，提高光合效率，增粒重，保持一定的磷、钾营养促进光合产物的运转转化。而蜡熟以前磷、钾吸收已基本结束，只需维持少量的氮素营养，保证正常的灌浆与成熟即可。

19. 小麦合理施肥的原则有哪些？

答：一是要以有机肥为主，化肥为辅，无机换有机，培肥低产田。

二是要以基肥为主，追肥为辅。麦收胎里富，基肥是基础；年外不如年里，三追不如一底。

三是要合理施用化肥。根据小麦的需肥规律、地力、肥料数量等情况，施肥于最大效应期。注意氮、磷配合，适当配比。合理施用底肥，磷在土壤中移动性小，有机肥分解慢，一般应做底肥施用，氮、钾肥一般 40%～50% 做底肥。追肥应深施、开沟 10 厘米以上，盖严埋实。施肥量和次数与土壤质地有关，沙土肥料应少量多次施用少吃多餐，而黏土应提前施，且多量少次。

四是在确定肥料运筹方式时，应综合考虑小麦专用类型、肥料对器官的促进效应以及地力、苗情、天气状况等因素。中筋、强筋小麦氮肥可采用基追比为 5∶5 的运筹方式，追肥主要用作拔节孕穗肥，少量在苗期施用或作平衡肥；

弱筋小麦宜采用基追比 7：3 的运筹方式。晚茬麦宜采用独秆栽培法，氮肥基追比可采用（3～4）：（6～7），以保穗数、攻大穗。此外，秸秆还田量大的麦田基肥氮肥用量需适当增加，磷、钾肥提倡 50%～70%基施，30%～50% 在拔节后追施。

20. 麦类叶面施肥有什么作用？

答：麦类从苗期到蜡熟前都能吸收叶面喷施的氮素营养，但不同生育期所吸收的氮素对麦类生长有不同的影响。一般认为，麦类生长前期叶面喷氮有利麦类分蘖，提高成穗率，增加穗数和穗粒数，从而提高产量，而在生长后期叶面喷施氮肥可明显增加粒重，同时提高了籽粒蛋白质含量，并能改善加工品质。

21. 影响小麦品质的主要因素有哪些？

答：在自然和栽培条件相对一致的地区或年份，小麦品质主要受品种遗传基因的影响，而自然和栽培等生态条件相差较大的地区，其品质差异来自品种和生态条件两个方面，而生态条件对品质的影响程度往往大于品种。施肥、灌水、播种期、播种量、种植方式、播种茬口、化学调控等栽培措施都对小麦品质有不同程度的影响，其中明显效果的主要是施肥和灌水，而肥料中又以氮肥效果突出。不同施氮量对麦粒蛋白质含量有很大影响。

收获、贮存条件对品质表现也有一定影响。带秸收割小麦由于秸秆中养分可继续向籽粒运输，籽粒蛋白质含量和质量明显比机收的高。收获期遇雨则明显降低小麦角质率，蛋白质质量也有所降低。贮藏不当，如麦仓升温、薰仓等对品质也有负面影响。

22. 二棱大麦与多棱大麦的区别？各有什么特点？

答：大麦按照小穗生长的程度和结实性，分为二棱大麦、四棱大麦、六棱大麦，四棱大麦和六棱大麦合称多棱大麦。大麦在 1 个穗轴节上有 3 个小穗，只有中间小穗结实，侧小穗全部不结实，穗形扁平，籽粒大而整齐的为二棱大麦；如 3 个小穗与穗轴等距离着生，穗的横断面呈六角形，穗轴节间一般较短，着粒密，籽粒小而整齐的为六棱大麦；如 3 个小穗的中间小穗贴近穗轴，籽粒较大，两侧小穗靠近中间小穗，籽粒较瘦小，穗轴断面呈四角形的为四棱大麦。

六棱大麦是大麦的原始形态品种，颗粒小且不够整齐，蛋白质相对也较高，淀粉含量或浸出率相对较低，制成的麦芽色泽深，但制成的六棱麦芽含酶很丰富，可溶性氮和α-氨基氮含量高，所以在使用高比例辅料进行啤酒生产时可添加部分六棱麦芽。

四棱大麦实际上它属于六棱大麦，只不过它的左右四行籽粒不像六棱大麦那样对称生长，即有两对籽粒互为交错，致使麦穗断面看起来像四角形，所以人们称之为四棱大麦。

二棱大麦是由六棱大麦演变而来的，麦穗扁形，只有两行麦粒围绕一根穗轴对称而生。二棱大麦的麦粒相对于六棱、四棱大麦来说，麦粒颗粒大、整齐、均匀饱满，蛋白质含量相对较低、淀粉含量相对较高。

23. 肥料运筹对大麦产量和品质有什么影响？

答：施用氮肥可以增加籽粒产量与籽粒蛋白质含量，但降低了籽粒的饱满度。在0~20千克/亩范围内，增加施氮量的增穗、增粒效应明显大于粒重减小的负效应，高于20千克时千粒重损失最大，不符合啤麦的品质指标。施用期推迟粒重及蛋白质总量增加，但粒重的相对增加量明显小于蛋白质。

磷素能显著地提高作物产量与籽粒粒重，使籽粒蛋白质含量相对降低，多数研究指出，在一定的范围内，每增加1千克磷可降低啤麦的蛋白质含量0.9%左右。

钾肥能提高籽粒蛋白质含量，微量元素则降低籽粒蛋白质含量。

24. 麦类收获期间遇到连阴雨天气怎么办？

答：在麦类收获期间，有时会遇到连阴雨天气，应抢晴天抓紧机械收获，避免在田间发生穗上发芽，既减产又降低品质。收获后脱粒的小麦如果不能及时晾干，也容易引起发芽、霉烂。在没有烘干设备的情况下，可采取如下应急处理：①自然缺氧法。就是通过密封，造成麦堆暂时缺氧，从而抑制小麦的生命活动，达到防止小麦发热、生芽和霉烂的目的。②化学保粮法。即利用化学药剂拌合湿麦，使麦粒内的酶处于不活动状态，麦粒不至于发芽。③杨树枝保管法。其原理是种子发芽需要水分、温度和空气。带叶的杨树枝呼吸旺盛，把它放到麦粒堆里，可在短时间内把麦堆里的氧气耗完，使麦粒进入休眠状态不会发热、生芽。

25. 怎样进行小麦氮素营养诊断与失调症防治?

答:小麦缺氮症状:植株生长缓慢,个体矮小,分蘖减少;叶色褪淡,老叶黄化,早衰枯落;茎叶常带红色或紫红色;根系细长,总根量减少;幼穗分化不完全,穗形较小。小麦氮过剩症状:长势过旺,引起徒长;叶面积增大,叶色加深,造成郁蔽;机械组织不发达,易倒伏,易感病虫害,减产尤为严重,品质变劣。砂质、有机质贫乏的土壤、不施基肥或大量施用高碳氮比的有机肥料,易发生缺氮症状。前茬作物施氮过多,追肥施氮过多、过晚,偏施氮肥,容易发生氮过剩症。

分蘖期至拔节期土壤速效氮(以氮计)的诊断指标为:低于 20 毫克/千克为缺乏;20~30 毫克/千克为潜在性缺乏;30~40 毫克/千克为正常;高于 40 毫克/千克为偏高或过。当小麦拔节期功能叶全氮量(氮)低于 35 毫克/千克(干重)为缺乏;35~45 毫克/千克为正常;高于 45 毫克/千克为过量。小麦缺氮症的防治措施主要有:培肥地力,提高土壤供氮能力。在大量施用碳氮比高的有机肥料如秸秆时,应注意配施速效氮肥。在翻耕整地时,配施一定量的速效氮肥作基肥。对于地力不匀引起的缺氮症,要及时追施速效氮肥。小麦氮过剩的防治措施主要有:根据作物不同生育期的需氮特性和土壤的供氮特点,适时、适量地追施氮肥,应严格控制用量,避免追施氮肥过晚。在合理轮作的前提下,以轮作制为基础,确定适宜的施氮量。合理配施磷钾肥,以保持植株体内氮、磷、钾的平衡。

第三章 云南省麦类主栽品种

第一节 云南省麦类主栽品种

1. 云南省小麦主栽品种有哪些?

答：云南省小麦主栽品种有弱筋小麦品种、中筋小麦品种、强筋小麦品种，其中，弱筋小麦品种有云麦47、云麦51、凤麦33、靖麦11号、云麦56、云麦68、云麦75、云麦77、临麦16、德麦8号等；中筋小麦品种有云麦50、云麦53、云麦54、临麦6号、凤麦35、楚麦6号、靖麦12号、宜麦一号、川麦107、临麦15、石麦001、文麦14号、云麦69、云麦72、云麦73、云麦76、云麦78等；强筋小麦品种有云麦42、云麦57、云选11-12、云麦64等。

2. 云南省大麦主栽品种有哪些?

答：云南省大麦主栽品种有啤酒大麦品种、饲料大麦品种，其中，啤酒大麦品种有S500、S-4、云大麦2号、奥选、云啤5号、云啤6号、云大麦14号、凤大麦7号、保大麦6号等；饲料大麦品种有V43、V06、保大麦8号、云大麦1号、云大麦10号、凤03-39、保大麦13号、保大麦14号等。

3. 云南省青稞主栽品种有哪些?

答：云南省青稞主栽品种有云青2号、云大麦12号（裸）、迪青1号、迪青2号、黑六棱等。

第二节 小麦主推品种的特征与栽培技术要点

1. 云麦 42 特征特性与栽培要点是什么？

答：特征特性：幼苗半直立，属弱春性多穗大粒型小麦品种。全生育期 174～188 天，属中熟品种。株型紧凑，茎秆强性好，植株清秀整齐，分蘖力强，株高 84.8～89 厘米；棒型穗型，白壳，顶芒，红粒，角质，落粒性、籽粒外观商品性较好，穗粒数平均 32 粒，千粒重 47.8 克。蛋白质含量 14.8%，湿面筋含量 35.2%，沉降值 25.3 毫升，出粉率 75%，抗寒耐旱性好，抗病性好。

产量表现：1995—1997 年参加省地麦品种区试，两年平均亩产 270.4 千克，居第一位，比对照增产 13.5%，产量稳定性好。

适应地区：适宜云南省海拔 1 300～2 200 米的旱地种植。

栽培要点：适时抢墒播种，一般在 10 月上旬以前播种。播种量每亩 10～12 千克，基本苗控制在每亩 16 万～20 万恰当。每亩施 1 500～2 000 千克优质农家肥和普钙 30～50 千克做底肥，播种时每亩施 10 千克左右的尿素做种肥。

2. 云麦 53 特征特性与栽培要点是什么？

答：特征特性：属春性，幼苗直立，株型紧凑，分蘖力强，叶片宽，有少量蜡粉。株高 90 厘米，植株整齐，茎秆坚实，耐肥抗倒。全生育期 164 天，属中熟品种。长方穗型，长芒，白壳，白粒，籽粒角质，易脱粒，每穗结实粒数 45 粒，千粒重 51.9 克，属大穗大粒型品种。高抗条锈病、叶锈病、秆锈病、白粉病。粗蛋白含量（干基）12.34%，湿面筋 22.9%，稳定时间 1.6 分钟，拉伸仪面积 10.4 平方厘米。

产量表现：云南省田麦区试结果两年省田麦区试平均亩产 461.3 千克/亩，比对照增产 20.9%，居第 1 位，增产点率 95%。国家区试结果两年区域试验结果平均亩产 381.4 千克，比对照增产 6.1%；2009 年生产试验，平均亩产 376.2 千克，比对照品种平均亩产增产 7.2%。

适宜地区：适宜在云南、重庆、四川盆地及川西南地区，贵州北部、湖北襄樊地区种植。

栽培要点：提高整地质量，做到精耕细作。施足底肥，增施种肥。每亩施 2 000 千克农家肥和磷肥 50 千克；种肥每亩施 10 千克左右。加强肥水管理。

小麦生育期间，适时灌水 3～4 次；分蘖期重施尿素 15 千克左右；拔节时适时施尿素 10 千克左右。合理密植，适时播种。最佳播种期为 10 月 20—25 日，每亩播 8～10 千克，保证基本苗控制在 14 万～15 万苗。

3. 川麦 107 特征特性与栽培要点是什么？

答：特征特性：春性，幼苗半直立，叶色绿，茎秆粗、蜡粉轻。叶片大小适中，轻披。穗长方型，小穗着生较密，长芒，颖壳白色，脊明显。全生育期 190 天左右，褪色落黄好，籽粒白皮，精卵圆形，腹沟浅，半角质，穗整齐，千粒重 45 克左右，籽粒商品性好。粗蛋白含量 14.6%，湿面筋含量 33.8%，出粉率 78.6%，容重 793 克/升，高、中抗条锈病，中感白粉和赤霉病。

产量表现：1999 年生产试验，5 点全部增产，平均亩产为 347.2 千克，比对照川麦 28 号增产 13.3%。

适宜地区：适宜在长江上游冬麦区中上等水肥地区种植。

栽培要点：该品种播期弹性大，在云南省霜降—立冬播种。基本苗 14 万～18 万苗，肥力低的田块以高基本苗为宜。亩施纯氮 10 千克，磷、钾肥配合使用，重施底肥，早施苗（追）肥。在肥力较高，密度较大田块于拔节初期施用矮壮素。抽穗扬花期注意防治蚜虫。

4. 宜麦一号特征特性与栽培要点是什么？

答：特征特性：弱春性，幼苗半匍匐；株高 83 厘米，叶色浅绿，叶宽披散，具蜡粉、白壳、白粒、顶芒、圆锥穗型，籽粒角质。生育期 165 天，穗粒数 41 粒，千粒重 49.7 克。容重 788 克/升，粗蛋白含量（干基）12.05%，湿面筋 18.5%，沉降值 38.5 毫升，稳定时间 1.5 分钟，拉伸仪面积 84.0 平方厘米。

产量表现：2005—2007 年参加云南省小麦品种区域试验（田麦组）。两年平均亩产 406.5 千克，比对照增产 6.5%，增产点率 68%；生产示范亩产 250～500 千克。

适宜地区：适宜在云南省海拔 1 500～2 000 米的田、地麦区种植。

栽培要点：适时播种：10 月 15—20 日或按当地最佳节令播种。合理密植：亩播种 10～12 千克。田麦视田开好排水沟，亩施农家肥 1 500 千克，尿素 5～10 千克，普钙 30～40 千克作基肥、种肥。出苗后 3、4 叶期结合灌水亩施碳铵 25～30 千克或尿素 10～15 千克作分蘖肥，视苗亩追施尿素 3～5 千克作拔节肥。地麦视前作和地力以基肥、种肥为主，降雨即时追施分蘖肥。田麦视墒情灌好出苗、分蘖、拔节、孕穗、灌浆水，注意田间杂草及白粉病防治。适时防好蚜虫。

5. 云麦 56 特征特性与栽培要点是什么？

答：特征特性：属春性，幼苗半直立，分蘖力强，株型紧凑，株高 91.1 厘米，植株整齐，茎秆坚实，耐肥抗倒。生育期 165 天，属中熟品种。方型穗，白壳，白粒，长芒，籽粒角质，易脱粒，每穗结实粒数 42 粒，千粒重 42.1 克，属多穗型品种。耐肥抗倒，中抗条锈病、叶锈、白粉。容重 809 克/升，蛋白质含量（干基）11.9%，湿面筋含量 23.4%，沉降值 17.2 毫升，吸水率 59.6%，面团形成时间 2.4 分钟、稳定时间 1.2 分钟、弱化度 164F.U、评价值 37，最大抗延阻力 100E.U、延伸性 14.7 厘米、面积 22.2 平方厘米。

产量表现：2005—2007 年参加云南省田麦良种区域试验，两年平均亩产 421.0 千克，比对照增产 10.3%，居第 3 位，增产点率 77%。

适宜地区：适宜在海拔 1 400～2 000 米的中上等肥力的田地上种植。

栽培要点：提高整地质量，做到精耕细作。施肥灌水：施足底肥、增施普钙 30～50 千克、硫酸钾 5～8 千克，总量纯氮在 10～15 千克之间，分别用于底肥、种肥、分蘖肥、拔节肥，各时期施用量可根据土壤、苗情而定，整个生育期灌水 3～4 次（重点是在抽穗灌浆期）。合理密植，适时播种。最佳播种期为 10 月 20 至 11 月 5 日，每亩播 7～8 千克。及时防治病、虫、草、鼠害，做到九黄十收。

6. 云麦 57 特征特性与栽培要点是什么？

答：特征特性：属春性，幼苗半直立，株型紧凑，分蘖力强，叶片深绿，植株整齐，株高 93 厘米，茎秆坚实，耐肥抗倒。生育期 163 天。方穗型，白壳，白粒，长芒，籽粒角质，穗粒数 47 粒，千粒重 40.4 克。品质达到国家强筋小麦标准。高抗锈病，中抗白粉病。

产量表现：2005—2007 年参加云南省田麦良种区域试验，两年平均亩产 419.9 千克，比对照增产 10.0%，居第 4 位，增产点率 77%。

适宜地区：适宜在海拔 9 500～2 200 米的中上等肥力条件的田上种植。

栽培要点：提高整地质量，做到精耕细作。每亩施 2 000～3 000 千克农家肥和磷肥 50 千克；种肥每亩施尿素 8～10 千克左右。适时灌水 3～4 次；分蘖期重施尿素 15 千克左右；拔节时适时施尿素 10 千克左右。最佳播种期为 10 月 25—30 日，每亩播 8～9 千克。

7. 石麦001 特征特性与栽培要点是什么？

答：特征特性：春性，幼苗半匍匐，白壳白粒，顶芒，棍棒穗型，籽粒半角质，株高 90.6 厘米，生育期 172 天。穗粒数 37 粒，千粒重 40.6 克。高抗白粉病，中抗条锈病。蛋白质含量 13%，湿面筋含量 26.3%，容重 739 克/升。

产量表现：2008—2009 年参加昆明市小麦品种区域试验。两年平均亩产 252.6 千克，比对照增产 19.5%，增产点率 100%。生产试验平均亩增产 13.7%。

适宜区域：适宜在昆明市海拔 1 600～2 200 米的地区作田地麦种植。

栽培要点：适时早播，一般在 10 月 20 号左右；合理密植，田麦每亩播种量以 8～9 千克左右为宜，地麦可增至 11 千克；施足底肥和种肥，看苗少施或不施分蘖肥、重施拔节肥；适时灌水和防治病虫害，促进籽粒饱满；一定要坚持九黄十收，防止成熟落粒损失。用 1 千克尿素加 0.1 千克磷酸二氢钾喷雾 1～2次。

8. 临麦 15 特征特性与栽培要点是什么？

答：特征特性：春性，幼苗直立，株型紧凑，长方型穗，长芒、白壳、白粒、籽粒硬质；全生育期 163 天，株高 90.5 厘米，结实小穗 17 个，穗粒数 45～50 粒，千粒重 40～44 克。容重 830 克/升，蛋白质含量（干基）11.5%，湿面筋 24.1%，沉降值 39.5 毫升，吸水率 63.3%，稳定时间 6.3 分钟，最大抗延阻力 560E.U，拉伸面积 98.5 平方厘米，延伸性 131 毫米，硬度指数 69.2。

产量表现：该品种 2008—2009 年参加云南省田麦品种区域试验。两年区试平均亩产 406.2 千克，较对照云选 11 - 12 增产 15.6%。生产试验平均亩产 366.9 千克，较对照增产 5.6%。

适宜地区：该品种适宜在云南省海拔 900～2 000 米田麦区种植。

栽培要点：合理密植，一般播种量应控制在 11～13 千克为宜。一般每亩基本苗 14 万～16 万苗。适时播种，最佳播种节令为 10 月 20 日至 11 月 15 日。科学施肥，一般亩用 1 000 千克农家肥作底肥，50 千克磷肥＋15 千克尿素＋8 千克钾肥混合作种肥，三叶期亩施 10 千克尿素作分蘖肥，拔节期亩施 15 千克尿素作拔节肥或根据苗情适当增减。

9. 临麦 16 特征特性与栽培要点是什么？

答：特征特性：春性，幼苗直立，株型紧凑，长方型穗，顶芒、白壳、白粒、半硬质；全生育期 166 天，株高 87.4 厘米，穗粒数 49 粒，千粒重 45.6 克。容重 798 克/升，蛋白质含量 11.72%，湿面筋 20.6%，沉降值 23.2 毫升，吸水率 65.3%，稳定时间 2.1 分钟，最大抗延阻力 118E.U，拉伸面积 22.6 平方厘米，延伸性 134 毫米，硬度指数 73.9，属弱筋小麦。

产量表现：该品种 2010—2011 年参加云南省田麦品种区域试验。两年区试平均亩产 387.8 千克，较对照云麦 57 增产 1.2%。生产试验平均亩产 403.9 千克，较对照增产 9.7%。

适宜地区：该品种适宜在云南省海拔 1 400～1 700 米田麦区种植。

栽培要点：精细整地：深翻碎垡、以 3～4 米开墒，做到墒平土细、沟渠畅通。合理密植：一般播种量应控制在 12～13 千克为宜。一般每亩基本苗 14 万～16 万苗。适时播种：最佳播种节令为 10 月 20 日至 11 月 15 日。科学施肥：一般亩用 1 000 千克农家肥作底肥，50 千克磷肥＋15 千克尿素＋8 千克钾肥混合作种肥，三叶期亩施 10 千克尿素作分蘖肥，拔节期亩施 15 千克尿素作拔节肥或根据苗情适当增减。加强病虫草害防治。

10. 德麦 8 号特征特性与栽培要点是什么？

答：特征特性：春性，生育期 168 天，幼苗直立、株型紧凑、分蘖中等、植株整齐、穗翠绿，耐肥水性好、成穗率高，群体结构好。株高 85.3 厘米，方穗型、长芒、白壳、粒色琥珀色，硬质，籽粒外观商品性较好，穗粒数 43 粒，千粒重 41.3 克，籽粒饱满，熟相好，易脱粒。容重 816 克/升，蛋白质 11.78%，湿面筋 20.5%，沉降值 24.0 毫升，吸水率 61.7%，稳定时间 5.3 分钟，最大抗延阻力 390E.U，拉伸面积 58.2 平方厘米，延伸性 111 毫米，硬度指数 66.0。适应性强、耐寒、耐旱、抗倒、丰产、稳产。

产量表现：2012—2013 年参加云南省小麦品种区域试验（田麦组），两年区试平均亩产 407.6 千克，居第 2 位，较对照增产 5.2%，增产点率 75%。2014 年参加云南省田麦生产试验，平均亩产 421.6 千克，居第 2 位，较对照增产 3.5%，增产点率 60%。

适应地区：适宜在云南省海拔 900～2 400 米地区田麦种植。

栽培要点：选择在最佳播种期 10 月中旬至 11 月中旬播种。亩播种量在 14～15 千克，保证基本苗在 20 万～24 万苗。每亩 1 500～2 000 千克农家肥和复混肥 40 千克施用底肥，亩用尿素 40 千克在苗期、拔节期追施。

11. 文麦 14 特征特性与栽培要点是什么？

答：特征特性：属春性品种，幼苗直立，株型紧凑，分蘖力强，生育期 167 天，株高 75.5 厘米，穗方型、长芒、白壳、白粒、半角质，籽粒饱满，熟相好，易落粒，穗粒数 35～44 粒，千粒重 44.0～48.0 克；容重 814 克/升，蛋白质 16.5%，湿面筋 35.6%，稳定时间 2.0 分钟，硬度指数 67.1，属高蛋白、高面筋的优质中强筋小麦新品种。

产量表现：2012—2013 年参加云南省地麦新品种区域性试验，两年区试平均亩产 288.1 千克，居于参试品种的第一位，较宜麦 1 号（CK）增产 20.3%，增产点率 90.0%。2014 年参加云南省地麦新品种生产试验，平均亩产 282.2 千克，较对照品种云麦 54 增产 9.4%，增产点率 80.0%。

适宜地区：适宜云南省海拔 1 200～2 000 米地区种植。

栽培要点：①以 10 月下旬至 11 月上旬播种为宜。②每亩用种量 10～12.5 千克，基本苗每亩 22 万苗左右。③每亩以农家肥 1 000 千克、普钙 30～50 千克、尿素或硝铵 10～15 千克做底肥；分蘖期和拔节期分别追施尿素 10 千克/亩。④及时浇灌出苗水，保证田间基本苗，达到高产稳产要求。⑤适时中耕除草，及时防治白粉病、锈病、蚜虫和鼠害等。

12. 云麦 64 特征特性与栽培要点是什么？

答：特征特性：该品种幼苗半匍匐，生育期 169 天。株高 86.4 厘米，棍棒型穗，顶芒、白壳、红粒、硬质，穗粒数 34 粒，千粒重 45.4 克。籽粒容重 818 克/升，蛋白质 14.10%，湿面筋 31.5%，稳定时间 6.2 分钟，硬度指数 75.1。耐寒、耐旱、抗倒伏。中感条锈、高抗白粉病，属慢锈病品种。

产量表现：2007—2009 年参加云南省地麦良种区域试验，两年区试平均亩产 287.0 千克，较对照增产 6.5%。生产试验平均亩产 173.6 千克，较对照增产 9.4%。

适宜地区：适宜云南省海拔 1 200～2 200 米地区的旱地种植。

栽培要点：适时抢墒播种，播种节令掌握在 10 月中下旬，趁雨水没有结束前播种，才能保证全苗。重施底肥和种肥，一般以翻犁前每亩施 1 000～

2 000 千克优质农家肥和普钙 30～50 千克做底肥，播种时每亩施 8～10 千克尿素于播种沟内作种肥。播种量，一般每亩播种量 7～9 千克，基本苗控制在 13 万～15 万。注意及时防治病、虫、草、鼠、雀害。

13. 云麦 68 特征特性与栽培要点是什么？

答：特征特性：幼苗直立，属春性，生育期 170 天，株高 90.7 厘米。方型穗，顶芒，白壳，白粒，硬质，籽粒饱满，易落粒。穗粒数 46 粒，千粒重 42.0 克。高抗白粉病，高度慢条锈病。容重 826 克/升，蛋白质 10.83%，湿面筋 20.3%，稳定时间 1.0 分钟，硬度指数 71.9，属优质弱筋小麦品种。

产量表现：云南省田麦区试结果两年区试平均亩产 399.8 千克，居第 1 位，较对照云麦 57 增产 4.4%，增产点率 63.2%。省生产试验，平均亩产 471.2 千克，较对照云麦 57 增产 5.4%，居第 3 位，增产点率 80%。

适宜地区：适宜云南省海拔 900～2 400 米的田麦地区种植。

栽培要点：① 提高整地质量，做到精耕细作。②施足底肥、增施普钙 30～50 千克、硫酸钾 5～8 千克，总量纯氮在 10～15 千克之间，分别用于底肥、种肥、分蘖肥、拔节肥，各时期施用量可根据土壤、苗情而定，整个生育期灌水 3～4 次（重点是在抽穗灌浆期）。③最佳播种期为 10 月 20 至 11 月 5 日，每亩播 7～8 千克。④ 及时防治病、虫、草、鼠害，做到九黄十收。

14. 云麦 69 特征特性与栽培要点是什么？

答：特征特性：春性，幼苗半匍匐，生育期 168 天，株高 91.0 厘米。方型穗，长芒，白壳，红粒，硬质，籽粒饱满，熟相好，易落粒。穗粒数 35 粒，千粒重 46.0 克。耐寒、耐旱、抗倒伏，耐病性强（中度慢条锈）。容重 800 克/升，蛋白质 16.10%，湿面筋 34.5%，硬度指数 71.9。属高蛋白、高面筋的优质强筋小麦品种。

产量表现：2009—2011 年参加云南省地麦良种区域试验，两年区试平均亩产 285.2 千克，居第 3 位，较云麦 42（CK1）增产 11.1%。生产试验平均亩产 285.4 千克，较对照宜麦一号增产 55.9%，增产点率 100%。

适宜地区：适宜云南省海拔 1 260～2 140 米的旱地麦地区种植。

栽培要点：选择土层深厚、肥力中等以上旱地种植，必须要施足每亩 1 000～2 000 千克优质农家肥和 30～50 千克普钙做底肥，播种时须有 8～10 千克尿素做种肥，追肥量控制在 5～8 千克/亩。适当增加播种量。一般亩播量

11~12 千克。适时抢墒早播。在 10 月上旬播种较好，最迟不能超过 10 月 20 日。注意病、虫、草、鼠害的防治。

15. 云麦 72 特征特性与栽培要点是什么？

答：特征特性：属春性，幼苗半匍匐。生育期 171 天，株高 79.6 厘米；方型穗，长芒，白壳，白粒，质硬；籽粒饱满度、熟相好，易脱粒；穗粒数 40 粒，千粒重 44.1 克。容重 770 克/升，蛋白质 15.59%，湿面筋 31.6%，沉降值 27.2 毫升，吸水率 61.3%，稳定时间 1.6 分钟，最大抗延阻力 1150E.U，拉伸面积 24.5 平方厘米，延伸性 150 毫米，硬度指数 65.5。抗条锈病好、耐寒、耐旱、抗倒伏。

产量表现：2014—2015 年参加云南省地麦品种区域试验，两年区试平均亩产 338.8 千克，较对照增产 5.0%，增产点率 94.7%。生产试验平均亩产 275.8 千克，居第 3 位，较对照增产 17.3%，增产点率 100.0%。

适宜地区：适宜在云南省海拔 1 260~2 140 米地区的旱地种植。

栽培要点：提高整地质量，做到精耕细作；施足底肥，增施种肥 10 千克；合理密植，每亩 8~10 千克；适时播种，最佳节令 10 月中下旬；10 月中下旬播种，每亩 14 万~16 万基本苗，正常管理即可。

16. 云麦 73 特征特性与栽培要点是什么？

答：特征特性：春性。幼苗半匍匐，生育期 174 天，株高 83.7 厘米，方型穗，长芒，白壳，红粒，硬质；籽粒饱满，熟相好，易落粒；穗粒数 38 粒，千粒重 43.7 克。容重 744 克/升，蛋白质 17.02%，湿面筋 34.3%，沉降值 32.2 毫升，吸水率 62.2%，稳定时间 2.8 分钟，最大抗延阻力 200E.U，拉伸面积 37.0 平方厘米，延伸性 134 毫米，硬度指数 65.7。属高蛋白、高面筋的优质强筋小麦品种。耐寒、耐旱、抗倒伏。条锈病表现苗期及成株期免疫。

产量表现：2014—2015 年参加云南省地麦品种区域试验，两年区试平均亩产 320.3 千克，较对照增产 3.4%，增产点率 63.2%。生产试验平均亩产 257.4 千克，居第 4 位，较对照增产 9.5%，增产点率 80.0%。

适宜地区：适宜在云南省海拔 1 260~2 140 米地区的旱地种植。

栽培要点：适宜 10 月底至 11 月初播种；播种量 9~11 千克；每亩 18 万~20 万基本苗，施足底肥，合理施用种肥和苗肥；加强病虫害防治。

17. 云麦75特征特性与栽培要点是什么？

答：特征特性：春性，生育期166天，幼苗直立，株高84.7厘米。方型穗，长芒，白壳，红粒，硬质，穗粒数43粒，千粒重43.2克。籽粒饱满度中等，熟相适中，易落粒。2014年品质检测：容重790克/升，蛋白质12.17%，湿面筋23.9%，稳定时间0.7分钟。品质指标达弱筋小麦标准，属弱筋小麦。条锈病表现苗期及成株期免疫。

产量表现：2014—2015年参加云南省田麦品种区域试验，两年区试平均亩产417.7千克，较对照增产4.1%，增产点率80.0%。2016年生产试验平均亩产415.5千克，较平均对照减产2.2%，居第5位，增产点率40.0%。

适宜地区：适宜在云南省海拔1 000~2 400米田麦地区种植。

栽培要点：提高整地质量，做到精耕细作。施足底肥，增施种肥。每亩施农家肥2 000千克和磷肥普钙50千克；种肥每亩施尿素10千克左右。加强肥水管理，生育期间适时灌水3~4次；分蘖期重施尿素15~20千克；拔节时适时施尿素10~15千克。适时播种，合理密植。最佳播种期为10月中下旬，每亩播10~12千克，保证基本苗每亩14万~15万苗。注意病、虫、草、鼠害的防治。

18. 云麦76特征特性与栽培要点是什么？

答：特征特性：弱春性，生育期173天。幼苗半匍匐，株高85.3厘米，方型穗，长芒，白壳，白粒，半硬质；穗粒数43.8粒，千粒重46.1克。籽粒饱满，熟相好，易落粒。品质检测结果：容重812克/升，蛋白质13.76%，湿面筋28.7%，沉降值23.5毫升，吸水率63.8%，稳定时间2.2分钟，最大抗延阻力122E.U，拉伸面积140平方厘米，延伸性26.1毫米，硬度指数64.1。条锈病表现成株期耐病。

产量表现：2016—2017年参加云南省地麦品种区域试验，两年区试平均亩产363.5千克，较对照增产10.3%，增产点率84.2%。生产试验平均亩产291.0千克，较对照增产2.9%。

适宜地区：适宜云南省海拔1 200~2 000米地区的旱地种植。

栽培要点：提高整地质量，精细整地；施足底肥，亩施种肥尿素10千克；合理密植，每亩播8~10千克，保证基本苗每亩14万~15万苗；10月中下旬播种；注意病、虫、草、鼠害的防治。

19. 云麦 77 特征特性与栽培要点是什么？

答：特征特性：春性，生育期 173 天。幼苗半匍匐，株高 92.7 厘米，方型穗，短芒，白壳，籽粒琥珀色，半硬质；穗粒数 44 粒，千粒重 45.7 克。籽粒饱满，熟相好，易落粒。品质检测结果：容重 817 克/升，蛋白质 13.64%，湿面筋 29.8%，稳定时间 1.9 分钟。条锈病表现成株期耐病。

产量表现：2016—2017 年参加云南省地麦品种区域试验，两年区试平均亩产 363.0 千克，较对照增产 10.2%，增产点率 78.9%。2017—2018 年生产试验平均亩产 364.0 千克，较对照增产 9.9%。

适宜地区：适宜在云南省海拔 1 700～1 900 米地区的旱地种植。

栽培要点：提高整地质量，精细整地；施足底肥，亩施种肥尿素 10 千克；合理密植，每亩播 10～12 千克，保证基本苗每亩 15 万～16 万苗；10 月中下旬播种；注意病、虫、草、鼠害的防治。

20. 云麦 78 特征特性与栽培要点是什么？

答：特征特性：弱春性，生育期 170 天。幼苗半匍匐，株高 73.8 厘米，棒型穗，长芒，白壳，粒色琥珀色，半硬质；穗粒数 37 粒，千粒重 40.1 克。籽粒饱满度中，熟相好，易落粒。品质检测结果：容重 796 克/升，蛋白质 14.56%，湿面筋 29.6%，沉降值 32.8 毫升，吸水率 56.0%，稳定时间 4.2 分钟，最大抗延阻力 265E.U，拉伸面积 56.7 平方厘米，延伸性 148 毫米，硬度指数 60.8。条锈病表现成株期抗病。

产量表现：2012—2013 年参加云南省地麦品种区域试验，两年区试平均亩产 271.3 千克，较对照增产 13.3%，增产点率 80.0%。生产试验平均亩产 281.4 千克，较对照增产 19.7%。

适宜地区：适宜在云南省海拔 1 700～2 000 米地区的旱地种植。

栽培要点：提高整地质量，做到精耕细作。施足底肥，增施种肥。每亩施农家肥 2 000 千克和磷肥普钙 50 千克；种肥每亩施尿素 10 千克左右。加强肥水管理，生育期间适时灌水 3～4 次；分蘖期重施尿素 15～20 千克；拔节时适时施尿素 10～15 千克。适时播种，合理密植。最佳播种期为 10 月 20—25 日，每亩播 8～10 千克，保证基本苗每亩 14 万～15 万苗。注意病、虫、草、鼠害的防治。

第三节　大麦主推品种的特征与栽培技术要点

1. V43 特征特性与栽培要点是什么？

答：特征特性：六棱，春性，幼苗直立，叶色绿，株型紧凑，叶片挺，成熟落黄好，长芒，籽粒纺锤形，粒色淡黄色，易脱粒。株高 95 厘米左右，全生育期 160 天。穗粒数 35 粒以上，千粒重 43 克左右。淀粉 52.88%，脂肪 2.06%，粗蛋白 9.2%。

产量表现：1999—2001 年参加大理州大麦品种区域试验，两年试验 7 个试点 12 点次，V43 产量排名第 1 位，第一年平均亩产 507.3 千克，第二年平均亩产 548.2 千克。

适应区域：海拔 700～2 200 米的田、地上种植。

栽培要点：种子处理；适量播种；适时播种；科学施肥；加强田间管理；适时收获。

2. 云大麦 1 号特征特性与栽培要点是什么？

答：特征特性：为六棱大麦，弱春性，幼苗半直立，分蘖力中上等，叶色翠绿，株形紧凑，茎秆中粗，株高适中，整齐度好，熟相好，成熟时穗低垂；株高 89 厘米，生育期 155 天。长芒，白壳，每穗粒数 48 粒，千粒重 40.3 克。蛋白质含量 12.4%，水敏感性 5%，三天发芽率 100%，五天发芽率 100%。

产量表现：2004—2006 年连续两年参加省区域试验，两年平均亩产 378.5 千克，比对照增产 5%。

适应区域：适宜在海拔 1 400～2 100 米的中上等肥力的田、地上种植。

栽培要点：一是每亩播 7 千克左右；二是每亩用农家肥 2 吨，普钙 20～30 千克，钾肥 10～15 千克做底肥；三是尿素 30～35 千克，其中 7～8 千克做种肥，二叶一心施分蘖肥 10～15 千克，施拔节肥 10 千克左右；四是注意灌好出苗、分蘖、拔节、孕穗和灌浆等五水。

3. 云大麦 2 号特征特性与栽培要点是什么？

特征特性：为二棱大麦，弱春性，幼苗半匍匐，叶色深绿，株型紧凑，分蘖力强，有效穗高，中抗白粉病、锈病、条纹病，株高 75 厘米，极抗倒伏，穗长 6.5 厘米，全生育期 155 天左右。耐肥性好，要求高肥力种植。两侧小花退化明显，含极少量花青素。蛋白质含量 10.5%，水敏感性 6%，三天发芽率 95%，五天发芽率 95%。

产量表现：2007—2009 年云南省第一届啤饲大麦品种区域试验，两年平均亩产 368.5 千克，比对照增产 4.8%，居第 4 位，增产点率 59%。

适应区域：适宜于云南省海拔 700~2 400 米水肥条件较好的地区种植。

栽培要点：一是选择排灌方便的中上等肥力田地种植；二是播种前晒种 1~2 天，每亩播 7 千克左右；三是每亩用农家肥 2 吨，普钙 20~30 千克，钾肥 10~15 千克做底肥；四是尿素 30~35 千克，其中 7~8 千克做种肥，二叶一心施分蘖肥 10~15 千克，施拔节肥 10 千克左右；五是注意灌好出苗、分蘖、拔节、孕穗和灌浆等五水；六是加强病、虫、草、鼠害防治。

4. 云大麦 10 号特征特性与栽培要点是什么？

答：特征特性：六棱，弱春性，幼苗半匍匐，无花青素。穗长 7.6 厘米，穗粒数 49 粒，实粒数 46 粒，结实率 92.5%，株高 80 厘米，平均千粒穗 34.3 克，全生育期 174 天。

产量表现：省区域试验，7 试点平均亩产 344.3 千克，比总平均产量增产 13.7%，居第 2 位。

适宜区域：云南省海拔 900~2 400 米的适宜区域种植。

栽培要点：精细整地，施足底肥。做到翻犁耙细整平，增施农家肥，播前每亩施农家肥 1 000~1 500 千克，播种时亩施复合肥、普钙各 40~50 千克。适时播种，合理密植。10 月 10—20 日播种，亩播 10 千克，保证基本苗 15 万~18 万株/亩。在播种方式上最好采用条播，以便充分利用光能、地力和空气，为高产创造条件。增施追肥。二叶一心时每亩追施尿素 10~15 千克，拔节期每公顷追施尿素 8~10 千克。搞好药剂拌种，注意及时防治病、虫、草、鼠、雀害。

5. 云大麦 14 号特征特性与栽培要点是什么？

答：特征特性：二棱皮大麦，该品种中熟，全生育期 158 天。幼苗半直，苗期长势强，叶宽大，叶耳白色，叶浅绿。株高适中 63.7 厘米，茎秆粗细适中，穗层中等整齐，穗芒呈黄色，株形紧凑。分蘖力强，成穗率中等；最高茎蘖数 65.4 万/亩，有效穗 45.1 万/亩，穗棒形，籽粒黄色椭圆形，穗长 7.2 厘米，每穗总粒数 25.6 粒，千粒重 45.9 克。

产量表现：2014—2015 年度参加云南省种子管理站组织的啤酒大麦区域试验，在 9 个试点中平均亩产 404.5 千克。

适宜区域：适宜云南省海拔 900～2 400 米地区种植。

栽培要点：精细整地，施足底肥，做到翻犁耙细整平，增施农家肥，播前每亩施农家肥 1 000～1 500 千克，播种时亩施复合肥、普钙各 40～50 千克。适时播种，合理密植，10 月 10—20 日播种，亩播 8 千克籽种，保证基本苗 13 万～15 万株/亩。在播种方式上最好采用条播，以便充分利用光能、地力和空气，为高产创造条件。增施追肥二叶一心时每亩追施尿素 10～15 千克，拔节期根据苗情每公顷追施尿素 8～10 千克。搞好药剂拌种，注意及时防治病、虫、草、鼠、雀害。

6. 保大麦 8 号特征特性与栽培要点是什么？

答：特征特性：弱春性，幼苗半匍匐，六棱，植株基部和叶耳紫红色，株形紧凑，长粒、长芒，乳熟时芒紫红色，粒色浅白，生育期 155 天左右，株高 95 厘米，穗长 6.5 厘米，穗实粒数 40 粒左右，千粒重 40 克左右。

产量表现：2002—2003 年参加保山市区域试验，二年区域试验，亩产分别为 514.9 千克、493.5 千克，比对照亩增产 13％、12.9％，6 点平均两年产量均居第 1 位。

适应区域：海拔 960～2 400 米的中上等肥力的田、地上种植。

栽培要点：种子处理；适量播种；适时播种；科学施肥；加强田间管理；适时收获。

7. 保大麦 13 号特征特性与栽培要点是什么？

答：特征特性：四棱皮大麦，该品种早熟，全生育期 155 天。幼苗直，苗期长势强，叶宽适中，叶耳白色，叶深绿。株高适中 85 厘米，茎秆粗细适中，穗层整齐，穗芒呈黄色，株形紧凑。分蘖力强，成穗率中等；最高茎蘖数 61 万/亩，有效穗 36 万/亩，穗棒形，籽粒黄色椭圆形，穗长 6 厘米，每穗总粒数 46 粒，千粒重 33 克。

产量表现：2010—2011 年参加云南省种子管理站组织的饲料大麦区域试验，两年平均亩产 467.1 千克。2012—2014 年连续三年参加国家大麦新品种区域试验，三年平均亩产 395 千克。

适宜区域：适宜云南省海拔 960～2 100 米地区种植。

栽培要点：精细整地，及时清除前作秸秆及杂草，做到深耕、土细，保持土壤疏松、平整。全生育期亩施农家肥 1 500～2 000 千克作底肥，尿素 40 千克/亩，普钙 30 千克/亩，硫酸钾 6～8 千克/亩，其中，尿素分两次施下，种肥占 60%，分蘖肥占 40%，普钙肥和钾肥一次性做种肥与尿素混合拌匀后撒施。适时播种，合理密植。10 月下旬至 11 月上旬播种，田麦亩播 6～8 千克籽种，地麦亩播 8～10 千克籽种。在播种方式上最好采用条播，以便充分利用光能、地力和空气，为高产创造条件，注意及时防治病、虫、草、鼠、雀害。

8. 保大麦 14 号特征特性与栽培要点是什么？

答：特征特性：四棱皮大麦，该品种早熟，全生育期 156 天。幼苗半直，苗期长势强，叶宽大，叶耳白色，叶深绿。株高适中 94～100 厘米，茎秆粗壮，穗层整齐，穗芒呈黄色，株形紧凑。分蘖力中等，成穗率中等；最高茎蘖数 47 万/亩，有效穗 29 万/亩，穗棒形，籽粒黄色椭圆形，穗长 7.3 厘米，每穗总粒数 58 粒，千粒重 38.9 克。

产量表现：2012 年参加云南省种子管理站组织的饲料大麦区域试验，平均亩产 377 千克。

适宜区域：适宜云南省海拔 1 000～2 400 米地区种植。

栽培要点：精细整地，及时清除前作秸秆及杂草，做到深耕、土细，保持土壤疏松、平整。全生育期亩施农家肥 1 500～2 000 千克作底肥，尿素 40 千克/亩，普钙 30 千克/亩，硫酸钾 6～8 千克/亩，其中，尿素分两次施下，种肥占 60%，分蘖肥占 40%，普钙肥和钾肥一次性做种肥与尿素混合拌匀后撒施。适时播种，合理密植。10 月下旬至 11 月上旬播种，田麦亩播 7～8 千克籽种，地麦亩播 9～10 千克籽种。在播种方式上最好采用条播，以便充分利用光能、地力和空气，为高产创造条件，注意及时防治病、虫、草、鼠、雀害。

9. 凤大麦 7 号特征特性与栽培要点是什么？

答：特征特性：二棱皮大麦，春性，幼苗半匍匐，苗期长势中等，叶窄而短，叶耳紫色，叶绿色直立。中熟，生育期 144～178 天，平均 154 天。株高 71.7 厘米，茎秆蜡质多，茎秆偏细，株形紧凑，穗层整齐，穗芒呈紫色。分蘖力强，成穗率高；穗棒形，疏穗型，籽粒黄色椭圆形，穗长 6.7 厘米，每穗总粒数 24.6 粒，实粒数 20.9 粒，结实率 85.7%，千粒重 46.1 克。高抗倒伏，熟相好，高抗白粉病，抗锈病，抗旱性和抗寒性中等。原麦品质蛋白质

（绝干计）10.7％，千粒重（以绝干计）40.3克，≥2.5毫米筛选率90.8％，三天发芽率95％，五天发芽率97％，水敏性3％，水分10.6％，夹杂物0.0％，破损率0.1％，色泽淡黄色，具有光泽，有原大麦固有香味。主要啤酒麦芽品质浸出物（绝干）79.6％，色度4.0EBC，a-N 155毫克/100克，糖化力346维柯，库尔巴哈值41.7％。

产量表现：2010年大理白族自治州（以下简称大理州）啤大麦品种比较试验，亩产482.3千克，较对照S500增产8.1％，居第一位；2011年大理州大麦品种比较试验，亩产501.3千克，较对照S500增产20.4％，居第二位，较对照增产极显著，2012年度云南省啤酒大麦区试汇总结果6个试点平均亩产355.86千克，居第7位，比平均对照减产0.7％，增产点率50％。

适应地区：适宜在大理、曲靖、昆明、楚雄、保山、临沧等海拔1 400～2 400米适应区域种植。

栽培要点：①适期播种。田大麦以10月25日至11月15日播种为宜，旱地大麦选择土壤潮湿、墒情好的有利时机抢墒播种，一般为9月25日至10月15日，播前晒种1～2天，提高整地播种质量，确保麦苗齐全匀壮。②合理密植。水田播种量7～10千克，亩基本苗在12万～16万苗；水浇地播种量10～12千克，亩基本苗在16万～20万苗；旱地播种量12～15千克，亩基本苗在20万～25万苗。③科学经济施肥。种肥尿素15～20千克，普钙30～40千克；分蘖肥尿素10～15千克；稻茬免耕大麦田不追施分蘖肥，中后期可适量增施拔节孕穗肥尿素5～8千克。前期长势较弱的非免耕种植的大麦田增施拔节孕穗肥尿素5～8千克；旱地大麦中后期趁雨追施尿素10千克。④田间管理措施。及时灌好出苗、拔节、孕穗抽穗和灌浆水；做好田间除草和蚜虫防治工作；掌握在蜡熟末期或完熟期采用人工收获或机械收获，收后尽快脱粒、晾晒，根据饲用、啤用、大麦白酒用或作良种等用途妥善存放保管。

10. 凤03-39特征特性与栽培要点是什么？

答：特征特性：四棱皮大麦，春性，幼苗半直立，长芒，穗直立。中晚熟，生育期151天。叶绿色，分蘖力强，成穗率高。株高78厘米，基本苗15.7万/亩，最高分蘖55.1万/亩，有效穗35.8万/亩，成穗率64.9％；籽粒淡黄色纺锤形，穗粒数53粒，实粒数46粒，结实率87.0％；穗长6.3厘米，千粒重37.4克。中抗倒伏，丰产、抗条锈、叶锈和白粉病，抗旱耐寒，熟相好。

产量表现：2011年度品种比较试验亩产484.0千克，2012年度省区域试验平均亩产413.0千克/亩，比平均亩产量增产12.9%，居第3位。

适应地区：适宜在楚雄、临沧、玉溪、曲靖、保山、大理等海拔1 400～2 200米区域种植。

栽培要点：①适期整地播种。水田宜选择在11月上中旬，旱地种植选择土壤潮湿，墒情好有利时机抢墒播种，一般为10月上中旬，播前晒种1～2天。稻茬大麦采用免耕法播种，烤烟、玉米田地掌握土壤墒情适时耕翻，提高整地播种质量，确保麦苗齐全匀壮。②合理密植。土壤肥力较好，土壤墒情充足条件下，亩基本苗15万～18万；水肥条件一般以及旱地种植，亩基本苗18万～20万，播量根据千粒重、发芽率计算，亩播量一般为6～8千克。③科学施肥。亩施腐熟农家肥2 000千克作底肥，烤烟、玉米田地上，作深耕混合施用，水稻田上，作深耕或盖种肥施用。种肥尿素15～20千克，普钙30千克，分蘖肥尿素10～15千克，稻茬免耕大麦田块不追施分蘖肥，中后期可适量增施拔节孕穗肥尿素5～8千克，海拔2 000米以上地区，适当增施磷肥施用量。④田间管理技术。及时灌好出苗、拔节、孕穗抽穗和灌浆水；在大麦1.5～2.5叶期亩用麦草一次净或绿麦隆进行田间除草；根据田间病虫动态，采取"两防一喷"及时防治白粉病、蚜虫危害；掌握在蜡熟末期或完熟期采用人工收获或机械收获。

第四节 青稞主推品种的特征与栽培技术要点

1. 云青2号特征特性和栽培要点是什么？

答：特征特性：幼苗半匍匐，叶深绿色，叶片长而宽，叶片与茎秆夹角较小；株高90～120厘米。株形较紧凑，弹性中等，有蜡粉；穗全抽出，穗圆柱形，紫色，穗长5.4厘米，穗粒数53.2；穗子颖壳为紫色，籽粒紫黑色，纺锤形，均匀度和饱满度较好，容重830～880克/升。千粒重39～43克。植株清秀，田间未发现黄矮病、锈病和白粉病发生。

产量表现：2005年在香格里拉经济开发区新仁村进行品种比较试验，云青2号（紫青稞）平均亩产378.8千克，比对照玖格高66.3千克，比当地当家品种青海黄高33.3千克。产量因素和适应性综合评价为第一。2006年和2007年，种植在迪庆州经济开发区新仁村迪古村民小组，总示范面积70亩，实收产量28 472.5千克，平均实收亩产406.75千克，最高产量为木从喜农户，种植 4.5 亩，实收 2 550 千克，平均实产 566.65 千克，折合亩产值 1 246.6 元。是特色青稞酒酿制和观赏青稞种植的优质原料。

适应地区：适宜在云南省海拔 1 400～2 400 米的地区种植。

栽培要点：作为冬青稞品种，适时抢墒播种，掌握在 10 月下旬至 11 月上旬播种，播种量为每亩约 15 千克。合理密植，上等地每亩基本苗控制在基本苗保持在 10 万～12 万苗，中等地块控制在 13 万～15 万苗，下等地块控制在 18 万～20 万苗。条播或机播，有利于通风透光，提高抗逆性。行距 16～20 厘米，墒面宽 2.5～3.0 米，墒沟 0.3 米。掌握播种深度在 3～4 厘米之间。播种后覆土必须均匀平整。

在施足底肥（腐熟农家肥每亩 2 000 千克左右）的基础上，4～5 叶平展时，视苗情长势适当追施氮肥、有机沤肥或叶面肥料。每亩不超过尿素 10 千克左右。有条件的地方推广配方施肥。

2. 云大麦 12 号（裸）特征特性与栽培要点是什么？

答：特征特性：二棱大麦，裸粒。弱春性，幼苗半匍匐，株形紧凑，叶片深绿，茎秆粗壮，植株整齐，穗层整齐；成熟时穗低垂，熟相好，籽粒细长；株高 70 厘米，适宜高肥水田块种植，抗倒性强，生育期 155 天，穗粒数 26 粒，千粒重 45.8 克；中感白粉病、锈病，抗倒伏。

适宜地区：适宜海拔 1 500～3 100 米地区种植。

栽培要点：精细整地，施足底肥，做到翻犁耙细整平，增施农家肥，播前每亩施农家肥 1 000～1 500 千克，播种时亩施复合肥、普钙各 40～50 千克。适时播种，合理密植，10 月 10—20 日播种，亩播 8 千克籽种，保证基本苗 13 万～15 万株/亩。在播种方式上最好采用条播，以便充分利用光能、地力和空气，为高产创造条件。增施追肥二叶一心时每亩追施尿素 10～15 千克，拔节期根据苗情每公顷追施尿素 8～10 千克。搞好药剂拌种，注意及时防治病、虫、草、鼠、雀害。

3. 迪青 1 号青稞特征特性与栽培要点是什么？

答：特征特性：属春性中晚熟品种，幼苗半匍匐。叶绿色，旗叶叶耳白色，叶片长而宽，叶片与茎秆夹角小。株高 80～100 厘米，株型紧凑。茎秆黄色，粗细中等，弹性中等，蜡粉多。穗全抽出，开颖授粉，穗颈与穗本身长相直立。穗圆柱形，六棱，黄色，长 5～6 厘米，均匀度中等，小穗着生密度密，长芒，有锯齿，黄色，外颖脉黄色，窄护颖。穗结实 50 粒左右，千粒重在 35～39 克。籽粒褐色，纺锤形，均匀度与饱满度中等，为半硬质。抗倒伏性强，抗条锈病、黄矮病、根腐病、白粉病，中抗赤霉病，轻感条纹病。粗蛋白含量为 10.3%，赖氨酸含量为 0.23%，淀粉含量为 53.82%，β葡聚糖含量为 5.64%。第一生长周期平均亩产为 235.65 千克，比对照增产 12.1%；第二生长周期平均亩产 232.6 千克，比对照增产 28.1%。

适宜地区：适宜在春青稞生态区云南省海拔 2 600～3 400 米的地区及类似生态的四川、西藏、青海省春季种植。

栽培要点：适时播种，3 月 20 日至 4 月 10 日为播种适期。合理密植，规格化种植每亩用种 9 千克，撒播每亩用种 14 千克，确保每亩基本苗 18 万～20 万，有效穗 23 万～28 万穗。合理运筹肥水，播种时亩施有机肥 2 000 千克，三元复合肥 50 千克，灌出苗、分蘖拔节水，结合灌水或降雨每亩施追肥 10～15 千克尿素。及时防治蚜虫、白粉病等病虫害；肥力高田块或种植密度过大时，用健壮素防止倒伏。适时收获，蜡熟期晴天收获及时晾晒入库。

4. 迪青 2 号特征特性与栽培要点是什么？

答：特征特性：属春性晚熟品种，幼苗半匍匐。叶绿色，旗叶叶耳白色，叶片长而宽，叶片与茎秆夹角中等，叶鞘紫色。株高 90～110 厘米，株形半松散。茎秆黄色或淡黄色，粗细中等，弹性差，蜡粉中等。穗全抽出，开颖授粉，穗颈半弯，穗长方形，黑色，六棱，长 7～8 厘米，小穗着生密度疏，长芒，有锯齿，紫色，外颖脉黄色，窄护颖。每穗结实平均 45～55 粒，千粒重在 36～40 克。籽粒紫色，纺锤形，均匀为半硬质。抗条锈病、黄矮病、根腐病，中抗赤霉病，轻感条纹病、白粉病。粗蛋白含量为 9.43%，赖氨酸含量为 0.27%，淀粉含量为 51.51%，β葡聚糖含量为 4.78%。第一生长周期平均亩产为 225.25 千克，比对照增产 12.6%；第二生长周期平均亩产 265.25 千克，比对照增产 26.3%。

适宜地区：适宜在春青稞生态区云南省海拔 2 600～3 400 米的地区及类似生态的四川、西藏、青海省春季种植。

栽培要点：适时播种，土壤解冻后 3 月 10 日至 4 月 5 日适期早播。合理密植，规格化种植每亩用种 8 千克；撒播每亩用种 12 千克，确保每亩基本苗 18 万，有效穗 20 万～25 万穗。合理运筹肥水，播种时亩施有机肥 2 000 千克，三元复合肥 50 千克，灌出苗、分蘖拔节水，结合灌水或降雨每亩施追肥

10 千克尿素。及时防治蚜虫及白粉病等病虫害；肥力高田块或种植密度过大时，用健壮素防止倒伏。适时收获，蜡熟期晴天收获及时晾晒入库。

5. 黑六棱特征特性与栽培要点是什么？

答：特征特性：属春、冬兼用型中晚熟品种，幼苗半匍匐，叶绿色，旗叶叶耳紫色，叶片与茎秆夹角中等，叶鞘紫色，株高 70～90 厘米，株形紧凑。茎秆黄色或淡黄色，稍粗，弹性好。穗全抽出，开颖受粉，株形紧凑，穗长而结实紧密，穗颈直立，穗圆柱形、紫色、六棱，长 4～7 厘米。长芒，有锯齿，每穗结实 40～55 粒，千粒重 35～38 克。籽粒紫色，纺锤形，均匀为半硬质，均匀度和饱满度好。平均亩产为 211.6 千克，比常规种植品种平均单产 190 千克亩增产 21.6 千克，增幅 11.36%。

适宜地区：适宜在云南迪庆、四川藏区、西藏、青海等省份春、冬作区种植。

栽培要点：生育期 150 天左右，分蘖力强，抗寒性强。茎秆粗，弹性好，抗倒伏性强。选择土质疏松，排水良好的田块种植，提倡人工开墒条播，施足底肥，增施种肥，亩施有机肥 1 500 千克，氮∶磷∶钾（10∶10∶5）三元复合肥 50 千克，中期追尿素 10 千克，海拔 2 600 米以下冬作区，每亩播种量为 10 千克，基本苗在 18 万苗左右，每亩有效穗在 25 万穗之间，播种时间为 10 月上中旬；海拔 2 800 米以上高原春作区，每亩播种量 8 千克左右，最佳播种时间为 3 月中下旬，采用轮作换茬，保证基本苗在 15 万～18 万亩，亩有效穗 22 万～25 万之间。

第四章 云南省麦类主要栽培技术

云南省麦类主要栽培技术有云南麦类高产栽培技术、云南旱地小麦栽培技术、早秋麦的栽培技术、云南啤酒大麦栽培技术、云南饲料大麦栽培技术、间套种高产栽培技术、测土配方施肥及病虫害综合防治等。

第一节 云南小麦高产栽培技术

1. 小麦高产栽培品种选择要求是什么？

答：选用的品种应为通过云南省或国家品种审定委员会审定，适宜该生态区域种植的小麦品种，且种子质量符合国家标准规定。该区域以种植弱春性或春性品种为主，主要品种有：云麦 47、云麦 51、云麦 53、云麦 56、云麦 57、云麦 68、川麦 107、宜麦 1 号、临麦 6 号、凤麦 35 等。

2. 小麦高产栽培技术种子处理要点是什么？

答：用杀虫剂、杀菌剂及生长调节物质作种子的包衣，预防土传、种传病害及地下害虫；未包衣的种子，应采用药剂拌种。在锈病发生较重的地块，用 20％三唑酮（粉锈宁）按种子量的 0.15％拌种；地下害虫发生较重的地块，选用 40％甲基异柳磷乳油或 35％甲基硫环磷乳油，按种子量的 0.2％拌种；病、虫混发地块用以上杀菌剂＋杀虫剂混合拌种。

3. 小麦高产栽培精细整地要求是什么？

答：及时去茬除草：前茬如果是水稻，水稻黄熟后及时开沟排水，收获后及时深翻晾晒，并去除田埂上的杂草。如果是其他旱地作物，在前作收获后及时深耕，去除田间和地埂上的杂草。整地要求：要深耕、深松土壤，耕深应达到 24 厘米以上，增强土壤蓄水、保肥能力，促进小麦根系发育；要精细耕地做畦、沟配套，应使墒沟高于中沟，中沟高于围沟，达到雨停沟干，墒不积水的标准。

4. 小麦高产栽培施足底肥要求是什么？

答：施肥结合深耕，亩施农家肥 1 500～2 000 千克；磷肥全部作底肥，每亩施入普钙 30～50 千克；用尿素 8～10 千克做种肥，随播种时施入。

5. 小麦高产栽培播种要点是什么？

答：采用精量播种技术，生产上通常采取"以地定产，以产定穗，以穗定苗，以苗定子"的方法确定播种量。播种量应根据每亩基本苗数、种子净度、籽粒大小、种子发芽率和出苗率等因素来计算：亩播种量（千克）计算公式如下：

$$播种量（千克）=\frac{亩计划基本苗（万苗/亩）\times 千粒重（克）}{发芽率（\%）\times 出苗率（\%）\times 100}$$

发芽率（%）、成苗率（%）均为其百分数的数值。例，某品种发芽率为 85%，其数值则为 85。习惯上，播种量半冬性品种 6.5～7.5 千克，春性品种 9～10 千克，晚播麦 12.5 千克。

适时播种：云南省半冬性品种适宜播期为日平均气温 16～18℃，春性品种 14～16℃。半冬性品种宜在 10 月上中旬，弱春性品种 10 月中下旬，春性品种 10 月下旬至 11 月上旬，在适期内争取早播。

播种要求：采用行播，播量要精确，播深 3～5 厘米，行距 23～25 厘米，播后要覆土，做到下籽要均匀，不重不漏，行距一致，深浅一致，地头地边播种整齐。

6. 小麦高产栽培田间管理技术要点是什么？

答：小麦高产栽培技术田间管理技术要点有以下要求：

一是满足小麦对肥水等条件的要求，保证植株良好发育，协调个体与群体的关系；二是防治病虫草害和自然灾害。根据小麦的一生，我们把麦田管理分为三个阶段：苗期阶段（出苗—拔节）、中期阶段（拔节—抽穗）和后期阶段（抽穗—成熟）。

7. 小麦高产栽培苗期管理要求是什么？

答：此阶段以促根增蘖、培育壮苗为主攻方向；灌好二次水，即出苗水和分蘖水。

保证全苗：及时查苗、补苗。因落干、漏播或地下害虫的为害而缺苗的，应立即浸种补种，来不及补种的可待麦苗分蘖后，移密补稀。

看苗施肥：壮苗指标为麦苗矮壮，叶色青绿，叶片短宽，可在小麦 3 叶期追壮蘖肥，结合灌分蘖水，一般亩施尿素 10～15 千克；对长势差、苗势较弱的麦苗或生长较弱的迟播苗，应在 2 叶 1 心时，早灌水，早追肥，一般亩施尿素 15～20 千克；对小麦旺苗应抓紧镇压或深中耕，不施或推后施。

中耕除草，松土保墒：麦田杂草在分蘖期以前抓紧进行防除，每亩用 75％巨星 1 克兑水 30～40 千克防治阔叶杂草或 6.9％骠马 50 克防治禾本科杂草。同时要适时中耕，促进根系生长，使弱苗转为壮苗；对群体过大的旺长苗，采用深锄、镇压等措施、控垄、控旺。

及早防治病虫害：深入田间调查虫情和病情，特别注意对小麦锈病、白粉病、蚜虫的防治。

8. 小麦高产栽培中期管理要求是什么？

答：此阶段主要是协调群体与个体之间、器官与器官之间的关系，争取穗大粒多，壮秆不倒为主攻方向。清沟沥水，降低地下水位，追施小麦拔节肥并结合灌水。施拔节肥、浇拔节水的具体时间，还要根据品种、地力水平、墒情和麦苗情况灵活变化。分蘖成穗率低的大穗型品种，一般在拔节期稍前或拔节初期追肥浇水，亩施尿素 12～15 千克；分蘖成穗率高的中穗型品种，在地力水平较高的条件下，群体适宜的麦田，宜在拔节初期或中期追肥浇水，亩施尿素 10～13 千克；地力水平高、群体适宜的麦田，宜在拔节后期追肥浇水，亩施尿素 8～10 千克。防治病虫草害。本期是小麦病虫草害盛发期，应及早进行防治。

9. 小麦高产栽培后期管理要求是什么？

答：此阶段以促根、护叶、防早衰、增粒重为主攻方向。

适时浇水：在正常条件下，后期可浇 3 次水。第一次浇水在扬花期，促进养分向花器官运输，提高结实率；第二次浇水在灌浆期，一般在扬花后 10 天左右，促进养分向籽粒运输，提高灌浆强度；第三次浇水在开花后 20 天左右进行，防止茎叶早衰，延长灌浆时间。由于后期穗部增重较快，浇水时应注重做到无风抢浇，有风停浇，以防倒伏。

根外喷肥：小麦开花以后，为了及时满足植物对养分的需要，延长叶片的功能期，促进灌浆，增加粒重，需及时进行根外喷肥。根外喷肥肥料利用率高达 80%～90%，而且植物吸收快，是经济用肥的有效措施。

防止病虫害：小麦病虫害均会造成小麦粒秕，严重影响品质。白粉病、锈病、蚜虫等是小麦后期常发生的病虫害，应切实注意，加强预测预报，及时防治；一喷多防，小麦后期若同时发生锈病、白粉病和蚜虫为害时，可选用粉锈宁、抗蚜威、磷酸二氢钾等药剂混合喷施，一喷多防。

10. 小麦高产栽培病虫害防治采用具体方法是什么？

答：蚜虫防治：应采取栽培管理防治，"挑治苗蚜、主治穗蚜"的策略。在适期冬灌和早春划锄镇压，减少冬春季麦蚜的繁殖基数；培育种类繁多的天敌；采用黄色黏稠物诱捕雌性蚜虫。药剂防治方法：当百株穗蚜达 500 头或益害比 1：150 以上时，每亩可用 50% 抗蚜威可湿性粉剂 10～15 克，或 10% 吡虫啉可湿性粉剂 20 克，或 40% 毒死蜱乳油 50～75 毫升，或 3% 啶虫脒 20 毫升，或 4.5% 高效氯氰菊酯 40 毫升，加水 50 千克均匀喷雾，也可用机动弥雾机低容量（亩用水量 15 千克）喷防。

条锈病防治：应采取栽培管理防治，在秋苗容易发生条锈的地区，适当晚播，减轻秋苗病情。施用堆肥或腐熟的有机肥，增施磷、钾肥，搞好氮、磷、钾合理搭配，增强小麦的抗病力。铲草沤肥或伏耕保墒，在播麦前，消灭田间、路边、沟边的自生麦苗，可大量减少越夏菌源。药剂防治方法：每亩可用 15% 三唑酮可湿性粉剂 80～100 克，或 12.5% 烯唑醇（禾果利）可湿性粉剂 40～60 克，或志信星 25～32 克，或 25% 丙环唑乳油 30～35 克，或 30% 戊唑醇悬浮剂 10～15 毫升，加水 50 千克喷雾防治，间隔 7～10 天再喷药一次。

11. 小麦高产栽培适时收获技术要点？

答：适时收获是提高小麦产量不可忽视的重要环节。收获过早，籽粒灌浆不充分，成熟度差，籽粒干后皱缩，粒重降低；收获过晚，不仅因呼吸消耗使千粒重降低，而且易落粒、折穗，造成减产。麦类适宜收获时期的特征是：叶片、穗及穗下间呈金黄色，穗下第一节呈微绿色。籽粒腹沟变黄，极少部分呈绿色，内部呈蜡质状态，含水量 25％～30％。此时收获，粒重最高，品质最佳。

第二节　云南旱地小麦栽培技术

1. 旱地小麦栽培品种选择要求是什么?

答：品种选择原则：选择适应当地生态条件，经审定推广的具有抗旱、耐寒的高产优质品种，主要有：云麦 42、云麦 53、云麦 64、云麦 68、云麦 69、川麦 107、宜麦 1 号、文麦 14 号、云麦 72、云麦 73、云麦 76、云麦 77、石麦 001 等。

2. 旱地小麦栽培种子处理方法是什么?

答：旱地小麦栽培种子处理方法，一是要精选种子，播前要进行种子精选，且种子质量符合国家标准规定。二是要晒种，播种前应选晴天把种子晒 2～3 天。三是要拌种，播种时通过拌种，能给种子披上"化学盔甲"，病虫害难以缠身。采用方法一粉锈宁拌种，50 克粉锈宁拌种 25 千克，拌匀后即可播种。可有效地防治小麦锈病、黑穗病、白粉病等；采用方法二多菌灵拌种，用 70％多菌灵可湿性粉剂 100 克加水 5 千克。拌麦种 50 千克，可防治小麦白粉病和黑粉病等；采用方法三辛硫磷拌种，用 50％辛硫磷 50 克拌麦种 20 千克，可防治蛴螬、蝼蛄等害虫。

3. 旱地小麦栽培麦地整理具体要求是什么?

答：旱地小麦栽培麦地整理具体要求以下几点：

（1）整地要求。坚持早、深、细、透、实、平、净、足的原则。大春作物收获后及时灭茬，除尽杂草；及早犁耙，犁地深度 25～33 厘米，不漏耕漏耙，土壤上松下实，耙要耙深耙细，无明、暗坷垃，以达到保墒、灭草、减少肥水消耗和增加养分的目的。

（2）重施底肥。采用"一炮轰"，除去前茬和杂草后深耕前，在地里施入腐熟农家肥 1 500 千克/亩，每亩施纯氮（N）5～10 千克，磷（P_2O_5）8～10 千克，钾（K_2O）6 千克撒施到地里。

（3）土壤处理。秋末，温度较高，地下害虫仍然活动猖獗，因此，每亩可用 40％辛硫磷乳油或 40％甲基异柳磷乳油 0.3 千克，加水 1～2 千克，拌细土

25 千克制成毒土，犁地前均匀撒施地面，随犁地翻入土中。

4. 旱地小麦栽培播种关键技术是什么？

答：旱地小麦栽培播种关键技术，一是要抓节令抢墒播种，应抓住雨季尚未结束，土壤潮湿，墒情好的有利时机播种，播种时间以 9 月底至 10 月中旬为宜，弱春性品种宜稍早，春性品种稍迟，在适期内争取早播。这样既避免早霜危害，又不致后期高温逼熟，实现稳产高产。二是要合理播种，适期播种范围内，早茬地种植分蘖力强、成穗率高的品种，或是弱春性品种，亩基本苗控制在 18 万～20 万苗，一般亩播量 8～10 千克；春性品种或分蘖弱的品种，亩基本苗控制在 20 万～22 万苗，一般亩播量 10～12 千克。如播种时土壤墒情较差、因灾延误播期或整地质量差、土壤肥力低的麦田，可适当增加播种量。三是要施好种肥，地麦灌溉条件差，除施足基肥外，施用种肥尤为重要，这是夺取地麦高产的关键措施。播种时每亩施 8～10 千克尿素于播种沟内。

5. 旱地小麦栽培田间管理有哪些具体要求？

答：旱地小麦栽培田间管理具体要求，一是要查苗补苗，出苗后及时查苗补种，疏密补稀。缺苗在 15 厘米以上的地块要及时催芽开沟补种同品种的种子，墒情差时在沟内先浇水再补种；也可采用在苗稀少的地方及时补苗，采用疏密补稀的方法，移栽带 1～2 个分蘖的麦苗，覆土深度要掌握上不压心，下不露白，并压实土壤，适量浇水，保证成活。二是要中耕除草和化学除草，每亩用 75％巨星 1 克兑水 30～40 千克防治阔叶杂草或 6.9％骠马 50 克防治禾本科杂草。中耕除草时在晴天尽量不要松土，减少水分的蒸发；根据天气预报，如果有降水，则及时深松土壤，蓄水促根。三是根据降水情况追肥，小麦出苗后，根据降水以及田间麦苗长势，可在降雨后亩撒施尿素 10～15 千克，促进苗旺而壮，提高有效穗。四是要根外喷肥，小麦开花以后，为了及时满足植物对养分的需要，延长叶片的功能期，促进灌浆，增加粒重，需及时进行根外喷肥。根外喷肥肥料利用率高达 80％～90％，而且植物吸收快，是经济用肥的有效措施。五是要一喷多防，小麦后期若同时发生锈病、白粉病和蚜虫为害时，可选用粉锈宁、抗蚜威、磷酸二氢钾等药剂混合喷施，一喷多防。

6. 旱地小麦栽培主要病虫害防治方法？

答：条锈病防治方法：早查早治，喷洒药剂。重点要抓好点片发生期（即查出田间中心病株（叶）或中心病团），春季拔节期及孕穗期这三个关键时期防治3~4次，封锁病团（发病中心），防止病害蔓延。每亩可用15％三唑酮可湿性粉剂100克，或12.5％烯唑醇（禾果利）可湿性粉剂40~60克，或25％丙环唑乳油30~35克，或30％戊唑醇（得惠）悬浮剂10~15毫升、志信星25~32克，兑水50千克喷洒，7~10天喷药一次。

蚜虫防治方法：应采取"挑治苗蚜、主治穗蚜"的策略。在适期冬灌和早春划锄镇压，减少冬春季麦蚜的繁殖基数；培育种类繁多的天敌；采用黄色黏稠物诱捕雌性蚜虫。药剂防治：可每亩用20％菊马乳油80毫升、20％百蚜净60毫升、40％保得丰80毫升、2％蚜必杀80毫升、3％劈蚜60毫升、50％抗蚜威可湿性粉剂10~15克，10％吡虫啉可湿性粉剂20克，上述农药品种任选一种，兑水35~50千克（2~3桶水），于上午露水干后或下午4点以后均匀喷雾。如发生较严重。每桶水再加1包10％的吡虫林混合喷施。

7. 旱地小麦适时收获要求是什么？

答：当叶片、穗及穗下间呈金黄色，穗下第一节呈微绿色。籽粒腹沟变黄，极少部分呈绿色，内部呈蜡质状态，含水量25％~30％时及时抢收。

第三节　旱秋麦的栽培技术

1. 什么是旱秋麦？

答：旱秋麦（包含小麦和大麦）是利用了云南两季结束前后，晚秋尚好的雨、热条件，又避开了3—4月的严重干旱与高温时期，而形成的一种麦类种植方式。前作多为提早收获的薯类、蔬菜、玉米、烤烟或休闲地，一般海拔1 500米以下的地区，于8月下旬和9月中旬播种，次年2月底或3月初收获。

2. 旱秋麦各生育时期田间管理目标是什么？

答：旱秋麦各生育时期田间管理目标具体如下：

苗期管理目标：在苗全苗匀基础上，促根增蘖。防治病虫害。

中期管理目标：因地因苗分类管理，促弱促旺，保苗稳健生长，构建高质量群体，培育壮秆大穗，搭好丰产架子。

后期管理目标：防病治虫，防治冻害，养根护叶，延缓衰老，适时收获。

3. 早秋麦的栽培品种选择要求是什么？

答："早秋麦"生产要求品种早熟、抗病的春性品种。适宜品种有云麦53、云麦56、云麦57、临麦15号、保大麦8号、云大麦10号、云大麦14号等。

4. 早秋麦播前有哪些具体要求？

答：早秋麦播前，一是精选种子，播前要精选种子，种子质量应达到纯度不小于99.0%，净度不小于99.0%，发芽率不小于86%，水分不超过13%。并在太阳下暴晒1～2天。二是种子包衣和药剂拌种，根据当地主要病虫种类，选择对路种衣剂或拌种剂，按推荐剂量进行种子包衣或药剂拌种。条锈病可选用粉秀灵悬浮种衣剂包衣；防治蝼蛄、蛴螬、金针虫等地下害虫可选用40%甲基异柳磷乳油或40%辛硫磷乳油进行药剂拌种。多种病虫混发区，采用杀菌剂和杀虫剂各计各量混合拌种或种子包衣。三是深耕改土，精细整地，大春收获后及时灭茬、施肥，随耕随耙，多蓄秋雨。通过深耕改土，增加土壤蓄水能力，深耕可以打破犁底层，打通水分上下移动通道，增加土壤蓄水量，减少地表径流。四是进行土壤处理，夏末秋初，温度较高，地下害虫发生严重，每亩可用40%辛硫磷乳油或40%甲基异柳磷乳油0.3千克，加水1～2千克，拌细土25千克制成毒土，耕地前均匀撒施于地面，随犁地翻入土中。五是采用"一炮轰"的原则，播前一次性施足种、底肥，由于秋早麦前、中期生长发育快，因此要立足于一次性施足种、底肥，保证及时供给充足的肥料，满足旱地麦的生长发育需要，以利形成大穗多粒的高产群体。可在整地前每亩撒腐熟的农家肥1 500～2 000千克的同时，一般每亩用尿素15千克，普钙25～30千克，硫酸钾10千克，三者混合作种、底肥施下，注意化肥与种子隔开，相距1～1.5寸①，切忌覆盖在种子上面，以免灼伤种芽影响出苗。每亩施纯氮（N）10～15千克，磷（P_2O_5）8～10千克，钾（K_2O）6千克。

5. 早秋麦播种技术要点是什么？

答：早秋麦播种技术要点如下：

播种期：适期播种是早秋麦稳产增产的关键，一般于8月下旬至9月中旬

---

① 1寸=3.33厘米。

播种。

增加播种量：秋旱麦生长的前期和中期，温度较高，土壤水分比较充足，生长发育快，而分蘖成穗低，因此要适当加大播种量，保证足够的基本苗数，依靠主茎成穗获高产。一般每亩播种量 13～15 千克，保证基本苗 22 万～26 万苗。

播种方式：一是撒播，种子撒播均匀，及时耙地盖土。人工查看，籽粒裸露在外的及时人工盖土。二是条播，开深度 3～5 厘米、行距 23 厘米左右的沟。

6. 早秋麦田间管理环节有哪些技术要求？

答：早秋麦田间管理环节技术要求，一是播后查苗补苗，麦田出苗期间，及时查苗清垄，对缺苗断垄进行催芽补种。播种后 3 天开始催芽，待大田出苗 1～2 天及时用催芽露白种子补种。三叶期，对弱小苗用 2％尿素溶液灌根，促进早发壮长，提高群体质量。二是及时中耕除草，秋季杂草多而快，要及时中耕除草，以破除板结，提高地温，促苗生长。杂草多的山地，麦苗 2 叶 1 心至 3 叶期，用 25％有效成分的绿麦隆 250 克进行喷雾或拌潮细沙土撒施防治。三是看苗看天追施拔节肥，对底肥不足的麦田，可在雨后趁墒追施氮肥，一般亩追尿素 10～15 千克。四是防治病、虫、雀、鼠、草害，早秋麦的主要病害是叶、秆锈和白粉病。防治的办法，一是拌种，每 10 千克种子拌 15％有效成分的粉锈宁 20 克。注意要干拌，拌均匀，现拌现用，要大面积、连片地拌种，才能收到良好的防治效果；防治的办法二是有水源的山地，分别在苗期、孕穗期用粉锈宁喷雾防治。连作和洋芋地、烤菸地，白土蚕（蛴螬）和土狗（蝼蛄）等地下害虫为害幼苗比较严重，要结合整地用锌硫磷、菊酯类等触杀、胃毒药剂防治。抽穗后蚜虫为害比较普遍，用抗蚜威、乐果等药剂防治 1～2 次。秋旱麦成熟早，容易引诱雀、鼠为害，因此要赶在孕穗前雀鼠饥荒时期统一投放敌鼠钠盐和灭雀灵毒饵进行诱杀。五是防止低温冻害，12 月中下旬，要密切关注天气变化，预报有大幅降温天气时应提前采取叶面喷施防冻剂、烟熏等措施，预防冻害。六是在麦类生长后期，喷施叶面肥，可有效增加籽粒饱满度。

7. 早秋麦及时收获要求是什么？

答：90％以上的麦粒达到蜡熟中期即可收割，以免过熟降低粒重和其他灾害损失。

第四节　云南大麦高产高效栽培技术

1. 大麦高产栽培品种选择要求是什么？

答：大麦高产栽培品种选择要求选用产量高、品质好、抗病、株型紧凑、茎秆弹性好、抗倒伏、分蘖力强、分蘖成穗率高、熟期适中的中早熟品种。

2. 大麦高产栽培技术种子处理要点是什么？

答：大麦高产栽培种子处理方法，一是要精选种子，播前选机械精选过的大小一致，籽粒饱满，无霉变，无虫害的优良种子。若用自留种子则应剔除土块、砂粒、杂草种子和秕、瘪小粒种子。二是种前需进行种子处理，种前 3～5 天进行晒种，晒种 1～2 天，针对种植区内大麦锈病、白粉病、条纹病、黑穗病时有发生的现状，用 50% 多菌灵可湿性粉剂以种子重量的 0.2%～0.3% 量湿拌种子；同时种前用粉锈宁和戊唑醇进行拌种，用种量为 7～10 千克/亩。

3. 大麦高产栽培精细整地要求是什么？

答：大麦高产栽培麦地整理具体要求以下几点：

（1）整地要求。前作物收获后，待土壤墒情适宜时进行耕耙或旋耕；前作为水稻的田块如遇连阴雨或收获期较迟的生产区域，可采用少耕或免耕法，在带茬田上人工开墒条播或撒播。旱地应及时早耕、深耕，施足底肥，及时耕翻，蓄水保墒。

（2）重施底肥。采用"一炮轰"，除去前茬和杂草后，深耕前在地里撒施腐熟农家肥 1 500～2 500 千克/亩，配合施用 15∶15∶15 复合肥 30～40 千克/亩或 10∶10∶10 复混肥 40～50 千克/亩。

（3）土壤处理。为预防地下害虫可施辛硫磷颗粒剂 2 千克/亩，然后犁田深翻，平田碎土。

4. 大麦高产栽培播种要点是什么？

答：大麦高产栽培播种要点，一是适时播种，田大麦以 10 月下旬至 11 月上旬播种为宜；地大麦应抓住雨季尚未结束、土壤潮湿、墒情好的有利时机抢墒播种，一般为 10 月中下旬，确保全苗。这样既避免早霜危害，又不致后期高温逼熟，实现稳产高产。二是播种方式选择合理，播种方式有撒播、条播。撒播即整地后均匀撒播种子，再盖土，理通风沟，厢面宽3~4米，沟宽30厘米。条播即整地后统一拉线开沟条播种子，3米开厢，做到播种沟平，深浅一致，落粒均匀。墒情好宜浅播，墒情差宜深播，播后覆土均匀，播深一般2.0~3.0厘米。三是要合理密植，保证合理的群体密度，增粒增重，夺取高产。适期播种范围内，在土壤肥力中上等，管理措施较好，土壤墒情充足条件下，基本苗应在16万~18万苗/亩；土壤瘠薄，水肥条件较差以及旱地种植，基本苗起点应高些，一般在18万~20万苗/亩。如播种时土壤墒情较差、因灾延误播期或整地质量差、土壤肥力低的麦田，可适当增加播种量。四是要施好种肥，播种时每亩施8~10千克尿素于播种沟内。

5. 大麦高产栽培田间管理有哪些具体要求？

答：大麦高产栽培田间管理具体要求，一是要查苗补苗，出苗后及时查苗补种，疏密补稀。缺苗在15厘米以上的地块要及时催芽开沟补种同品种的种子，墒情差时在沟内先浇水再补种；也可采用在苗稀少的地方及时补苗，采用疏密补稀的方法，移栽带1~2个分蘖的麦苗，覆土深度要掌握上不压心，下不露白，并压实土壤，适量浇水，保证成活。二是要中耕除草和化学除草，每亩用75%巨星1克兑水30~40千克防治阔叶杂草或6.9%骠马50克防治禾本科杂草。中耕除草时在晴天尽量不要松土，减少水分的蒸发；根据天气预报，如果有降水，则及时深松土壤，蓄水促根。三是合理灌溉追肥，根据土壤墒情做好分蘖期、拔节期、抽穗期、灌浆期适时灌溉。施肥做到有机肥与无机肥搭配，氮、磷、钾、硼肥结合。一般2叶1心期灌分蘖水，结合灌水施用尿素15~20千克/亩；在拔节至始穗期（抽穗5%左右）施用，用10千克/亩尿素灌水后撒施；抽穗期结合灌水施用尿素5~10千克/亩做穗肥，以保证大麦抽穗期对养分的高效吸收。四是要根外喷肥，开花以后，为了及时满足植物对养分的需要，延长叶片的功能期，促进灌浆，增加粒重，需及时进行根外喷肥。叶面喷施磷酸二氢钾可增加千粒重，增强抗倒伏能力，防止大麦早衰，减轻病虫和"干热风"危害。五是要一喷多防，在抽穗至灌浆期结合防虫治病开展好一喷多防（喷施肥药混合液，防病虫、防倒伏、防早衰、防干热风），达到一喷多效，用磷酸二氢钾150克/亩加25%三唑酮粉剂50克/亩、加氧化乐果100毫升/亩兑水40千克/亩喷雾1遍。

6. 大麦高产栽培病虫草鼠害防治采用具体方法是什么?

答：病害防治方法：白粉病当病叶率达到 10%～15% 时，选用 25% 科惠乳油 30 毫升/亩兑水 40～50 千克/亩喷雾防治。锈病一般在抽穗前后，田间普遍发病率达到 5%～10% 时，用 15% 粉锈宁可湿性粉剂配成 100 克/亩兑水 40～50 千克/亩进行喷雾。

虫害防治方法：大麦田间虫害主要是蚜虫，在分蘖、拔节、抽穗期防治蚜虫 2～3 次，选用 2.5% 功夫乳油 25 毫升/亩，或 15% 吡虫啉可湿性粉剂 25 克/亩，或 3% 三连击乳油 30 毫升/亩兑水 40～50 千克/亩喷雾，喷雾时注意上下打匀打透。也可在蚜虫发生初期采用乐果、抗蚜威、百蚜净等药剂进行防治，隔 10～15 天喷 1 次，连防 2～4 次。

杂草防治方法：前茬为水稻的大麦田用 10% 麦草一次净 8～10 克/亩，前茬为烤烟和玉米的大麦田用 25% 绿麦隆 250 克/亩，在大麦 1.5～2.5 叶期兑水 60～70 千克/亩均匀喷雾。

鼠害防治方法：主要采用物理灭鼠法和化学灭鼠法。物理灭鼠法主要利用老鼠夹、鼠笼、黏鼠板、电子捕鼠器等器械防治；化学灭鼠法主要是在大麦田发生零星鼠害时，投放溴敌隆、敌鼠钠盐等毒饵进行防治。

7. 大麦高产栽培适时收获技术要点?

答：人工收获时应在蜡熟末期（即 75% 以上植株茎叶变成黄色，籽粒具有本品种正常大小和色泽）进行，机械收获时应在完熟期（即所有植株茎叶变黄）进行。收获后尽快脱粒晾晒，当籽粒含水量低于 12% 时，及时进行包装入库，避免受潮、霉变和粒色加深，影响酿造品质，严防作物和品种混杂。

第五节 云南啤酒大麦关键栽培技术

1. 啤酒大麦栽培品种选择要求是什么?

答：啤酒大麦栽培品种要求选用产量高、品质好（主要是籽粒饱满，整齐，发芽好，水敏性低或无，淀粉含量高，浸出率高，蛋白质适中），抗病，抗倒伏，熟期适中的中早熟品种。

2. 啤酒大麦栽培种子处理方法是什么？

答：啤酒大麦栽培种子选用经过精选加工或包衣的种子，或用谷物精选机械精选过的大小一致，籽粒饱满，无霉变，无虫害的优良种子。若用自留种子则应剔除土块、砂粒、杂草种子和秕、瘪小粒种子。针对种植区内大麦锈病、白粉病、条纹病、黑穗病时有发生的现状，用50％的多菌灵可湿性粉剂以种子重量的0.2％~0.3％湿拌种子；播种前晒种1~2天。

3. 啤酒大麦栽培麦地整理具体要求是什么？

答：前作物收获后，待土壤墒情适宜时进行耕耙或旋耕；前作为水稻的田块如遇连阴雨或收获期较迟的生产区域，可采用少耕或免耕法，在带茬田上人工开墒条播或撒播，切忌烂耕烂种。旱地应及时早耕、深耕，施足底肥，及时耕翻，蓄水保墒；渍田一般不适宜种植啤酒大麦。

4. 啤酒大麦栽培播种关键技术是什么？

答：啤酒大麦栽培播种要点，一是适期播种，田大麦以11月上中旬播种为宜；地大麦应抓住雨季尚未结束，土壤潮湿，墒情好的有利时机抢墒播种，一般为10月上中旬，确保全苗。二是选择合理播种方式，开墒播种，最好采用条播，墒向南北向，墒宽1.67~2.0米，每墒种6~7行。墒情好宜浅播，墒情差宜深播，播后覆土均匀，播深一般2.0~3.0厘米。三是要合理密植，啤酒大麦品种合理的基本苗数和适宜的群体，有利于提高个体生产力和分蘖成穗率，以提高千粒重等品种指标。在土壤肥力中上等，管理措施较好，土壤墒情充足条件下，基本苗应在15万~18万苗/亩；土壤瘠薄，水肥条件较差以及旱地种植，基本苗起点应高些，一般在2万~20万苗/亩。

5. 啤酒大麦栽培田间管理有哪些具体要求？

答：啤酒大麦栽培田间管理具体要求，一是要查苗补苗，出苗后及时查苗补种，疏密补稀。二是要中耕除草和化学除草，每亩用75％巨星1克兑水30~40千克防治阔叶杂草或6.9％骠马50克防治禾本科杂草。中耕除草时在晴天尽量不要松土，减少水分的蒸发。三是科学施肥，基肥运筹应增施有机肥，提高和改善土壤肥力和理化性状。磷钾肥全部作基肥，氮肥基施数量以占全生育期总施用量的70％为宜；追肥运筹不能过晚，一般在分蘖和拔节期分两次追肥为宜，施用量一般可掌握在计划总施氮量的 30% 左右。一般施有机肥 2 000～3 000 千克/亩，尿素 25～35 千克/亩，普钙 30～50 千克/亩，硫酸钾 5～10 千克/亩。四是科学灌水，根据不同阶段需水规律，结合气候、土壤墒情，及时灌好出苗、拔节、孕穗抽穗和灌浆水。在优质啤酒大麦的生产中，应注意生育后期水分供应。若灌浆期间不遇雨，要浇好灌浆水。灌水最好选择无风晴天，且宜轻灌，灌后及时排水。五是要一喷多防，在抽穗至灌浆期结合防虫治病开展好一喷多防（喷施肥药混合液，防病虫、防倒伏、防早衰、防干热风），达到一喷多效，用磷酸二氢钾 150 克/亩加 25% 三唑酮粉剂 50 克/亩、加氧化乐果 100 毫升/亩兑水 40 千克/亩喷雾 1 遍。

6. 啤酒大麦栽培主要病虫害防治方法？

答：病虫害防治：在选用抗病品种和进行种子处理基础上，在麦苗发病初期或早春开始出现夏孢子堆时，用粉锈宁、粉锈清等内吸农药喷施发病中心；锈病或白粉病病叶率达 5%～10% 时，喷施 40% 粉锈清 150 毫升/亩或 15% 粉锈宁 100 克/亩。一般可在蚜虫发生初期采用乐果、抗蚜威、百蚜净等药剂进行防治，隔 10～15 天，连防 2～4 次。

杂草防除：前茬为水稻的大麦田用 10% 麦草一次净 8～10 克/亩；前茬为烤烟和玉米的大麦田用 25% 绿麦隆 250 克/亩，在大麦 1.5～2.5 叶期兑水 60～70 千克均匀喷雾。

7. 啤酒大麦适时收获要求是什么？

答：酿造用啤酒大麦对收获期有严格的要求，一般以蜡熟末期收获为最好，过早、过晚收获都会影响啤酒大麦的产量和品质。当啤酒大麦有 80% 的穗子弯头、籽粒水分在 16%～18% 时，就要抢收，过迟收获，啤酒大麦籽粒的养分倒流，千粒重和产量就会降低；过早收获，啤酒大麦籽粒青头多，不但减产，而且还会降低啤酒大麦的品质。收获的啤酒大麦籽粒要及时脱粒、扬净晾晒，当籽粒含水量降到 12% 时要及时包装入库，防止霉变而影响籽粒色泽和品质。

第六节 云南饲料大麦关键栽培技术

1. 饲料大麦栽培品种选择要求是什么？

答：饲料大麦栽培品种要求选用产量高、品质好（主要是籽粒饱满，整齐，发芽好，水敏性高，淀粉含量低，浸出率低，蛋白质含量高），抗病，抗倒伏，熟期适中的中早熟品种。

2. 饲料大麦栽培种子处理方法是什么?

答：播种前晒种 1～2 天。药剂处理种子，每 10 千克种子用 6% 立克秀 5 毫升兑水湿拌种（1 千克种子加 0.15 千克水），或 15% 粉锈宁（1 千克种子加 2 克药）湿拌种。也可以选用 15% 速保利可湿性粉剂或 15% 羟锈宁可湿性粉剂按种子量的 0.1%～0.3% 拌种，种湿即可，种干即播。

3. 饲料大麦栽培麦地整理具体要求是什么?

答：饲料大麦麦田种前，清除田间杂物，认真整地，做到深耕、垡细，保持土壤疏松、地面平整、无杂草。

4. 饲料大麦栽培播种关键技术是什么?

答：饲料大麦栽培播种要点，一是适时播种，旱地尽早抢雨水播下，春节前后收获；水田 10 月 20 日至 11 月 20 日播种，太早易受冻害，太迟则影响后作早栽。二是选择合理播种方式，分墒条播或起沟条播，杜绝撒播畜耙或撒播机耙。一般情况采用 2.1 米宽墒面开墒，沟宽 0.3 米，净墒面 1.8 米，每墒播种 6～7 行，有利于机械收获。盖种土厚度 1.5～2.0 厘米为宜。旱地适当深播，可提高抗旱能力，灭三子（深子、露子、丛子）、促苗早、苗全、苗齐、苗匀。三是适量播种，饲料大麦品种合理的基本苗数和适宜的群体，有利于提高个体生产力和分蘖成穗率，可以提高千粒重等品质指标。播种量多棱大麦 7～9 千克/亩，二棱大麦 8～10 千克/亩，旱地增加播种量 8% 左右。

5. 饲料大麦栽培田间管理有哪些具体要求?

答：饲料大麦栽培田间管理具体要求，一是要查苗补苗，出苗后及时查苗补种，疏密补稀。二是要中耕除草和化学除草，每亩用 75% 巨星 1 克兑水 30～40 千克防治阔叶杂草或 6.9% 骠马 50 克防治禾本科杂草。中耕除草时在晴天尽量不要松土，减少水分的蒸发。三是科学施肥，基肥运筹增施有机肥，提高和改善土壤肥力和理化性状。磷钾肥全部作基肥，氮肥基施数量以占全生育期总施用量的 30% 为宜。追肥运筹不能过早，一般在分蘖期、拔节期和开花进行追肥为宜。还可在灌浆期进行叶面喷肥。一般底肥要求施腐熟农家肥

1 500 千克/亩，播种前将农家肥翻耕入土；全生育期施尿素 40 千克/亩、普钙 30 千克/亩、硫酸钾 6 千克/亩。四是科学灌水，在出苗期、分蘖期、拔节期、抽穗扬花期和灌浆期根据旱情适时灌水 3～4 次。要求大水灌入、淹近墒面、表潮里湿、速灌速排，切忌积水久淹。在饲料大麦的生产中，在不影响产量的前提下，后期应控制灌水量。五是要根外喷肥，开花以后，为了及时满足植物对养分的需要，延长叶片的功能期，促进灌浆，增加粒重，需及时进行根外喷肥。六是要一喷多防，在抽穗至灌浆期结合防虫治病开展好一喷多防（喷施肥药混合液、防病虫、防倒伏、防早衰、防干热风），达到一喷多效，用磷酸二氢钾 150 克/亩加 25％三唑酮粉剂 50 克/亩、加氧化乐果 100 毫升/亩兑水 40 千克/亩喷雾 1 遍。

6. 饲料大麦栽培主要病虫害防治方法？

答：病害防治：在选用抗病品种和进行种子处理基础上，在麦苗发病初期或早春开始出现夏孢子堆时，用粉锈宁、粉锈清等内吸农药喷施发病中心；锈病或白粉病病叶率达 5％～10％时，喷施 40％粉锈清 150 毫升/亩或 15％粉锈宁 100 克/亩兑水 50 千克防治。

虫害防治：在蚜虫发生初期应立即喷药，可用 10％吡虫啉可湿性粉剂 1 000 倍液，或 3％啶虫脒（莫比朗）2 000～3 000 倍、或 25％阿克泰 7 500～15 000 倍、或 10％烟碱（康禾林）800～1 000 倍或菊酯类农药。喷雾时应注意上下打匀打透。

杂草防除：当麦苗 2 叶 1 心，杂草 1 叶 1 心时，用 6.9％大麦田除草药剂大骠马 50 毫升/亩加 10％苯磺隆 20 克/亩混合兑水喷雾或用 25％绿麦隆 250 克/亩，在大麦 1.5～2.5 叶期兑水 60～70 千克均匀喷雾。

7. 饲料大麦适时收获要求是什么？

答：饲料大麦至蜡熟末期，麦粒中有机物质不再增加，干物质积累已达到最大值，即为收获适期。此时黄熟麦粒达到 80％以上，茎叶穗均转黄色，茎秆仍有韧性，籽粒含水量为 25％～28％，适时收获的饲料大麦产量高，品质好；收获过早，饱满度差，千粒重低，产量不高，皮壳呈黄白色而无光泽，品质下降；收获过迟，茎秆和穗颈干枯变脆、容易折秆断穗，造成产量损失。在多雨的年份，过迟收获，由于籽粒的呼吸消耗及雨水淋溶作用，反会使千粒重降低，休眠期短的饲料大麦品种还会造成穗上发芽，严重影响产量和品质。在收获时尽量用机械收获，保证丰产丰收。饲料大麦脱粒干燥后必须进行清理，除去杂粒和碎粒，然后贮藏。饲料大麦贮藏的安全含水量为13%，夹杂物不超过1%；贮藏的形式有散装贮藏和包装贮藏两类，散装储藏可节省仓容和包装材料，同时方便处理，而包装贮藏有利于调运，可有效防止品种间混杂；一般情况下，散装贮藏堆积高度2～3米，囤包散装需离墙0.5米垛成囤包，囤包底衬垫篾席等防潮物，防潮物上和囤包内可喷洒防虫剂，防止象虫和麦蛾等害虫的危害；包装贮藏冬春季可堆高8包（1.5～1.6米）高，夏秋季可堆高6包。

第五章　云南省麦类主要病虫草害防治技术要点

第一节　云南省麦类主要病害防治技术要点

1. 白粉病症状特点是什么？如何进行有效防治？

答：症状：白粉病在云南省高产栽培麦田里普遍发生。该病可侵害小麦植株地上部各器官，但以叶片和叶鞘为主，发病重时颖壳和芒也可受害。发病时，叶面出现 1～2 毫米的白色霉点，后逐渐扩大为近圆形至椭圆形白色霉斑，霉斑表面有一层白粉，遇有外力或振动立即飞散。该病发生适温 15～20℃，低于 10℃ 发病缓慢。相对湿度大于 70% 有可能造成病害流行。少雨地区当年雨多则病重，多雨地区如果雨日、雨量过多，病害反而减缓，因连续降雨冲刷掉表面分生孢子。施氮过多，造成植株贪青、发病重。管理不当、水肥不足、土地干旱、植株生长衰弱、抗病力低，也易发生该病。此外种植密度大发病重。

防治方法：选用抗病品种。施用酵素菌沤制的堆肥或腐熟有机肥，采用配方施肥技术，适当增施磷钾肥，根据品种特性和地力合理密植。雨后及时排水，防止湿气滞留。冬小麦秋播前要及时清除掉自生麦，可大大减少秋苗菌源。药剂防治：方法一是用种子重量 0.03%（有效成分）25% 三唑酮（粉锈宁）可湿性粉剂拌种，也可用 15% 三唑酮可湿性粉剂 20～25 克拌 1 亩麦种防治白粉病，兼治黑穗病、条锈病等。方法二是在抗病品种少或病菌小种变异大抗性丧失快的地区，当白粉病病情指数达到 1 或病叶率达 10% 以上时，开始喷洒 20% 三唑酮乳油 1 000 倍液或 40% 福星乳油 8 000 倍液，也可根据田间情况采用杀虫杀菌剂混配做到关键期一次用药，兼治白粉病、锈病等主要病虫害。生长中后期，条锈病、白粉病、穗蚜混发时，每亩用粉锈宁有效成分

7克，加抗蚜威有效成分3克，加磷酸二氢钾150克；条锈病、白粉病、吸浆虫、黏虫混发区或田块，每亩用粉锈宁有效成分7克，加40％氧化乐果2 000倍液加磷酸二氢钾150克；赤霉病、白粉病、穗蚜混发区，每亩用多菌灵有效成分40克，加粉锈宁有效成分7克，加抗蚜威有效成分3克，加磷酸二氢钾150克，以做到"一喷多防"。

2. 条锈病症状特点是什么？如何进行有效防治？

答：症状：条锈病主要发生在叶片上，其次是叶鞘和茎秆，穗部、颖壳及芒上也有发生。苗期染病，幼苗叶片上产生多层轮状排列的鲜黄色夏孢子堆。成株叶片初发病时夏孢子堆为小长条状，鲜黄色，椭圆形，与叶脉平行，且排列成行，像缝纫机轧过的针脚一样，呈虚线状，后期表皮破裂，出现锈被色粉状物；小麦近成熟时，叶鞘上出现圆形至卵圆形黑褐色夏孢子堆，散出鲜黄色粉末，即夏孢子。后期病部产生黑色冬孢子堆。冬孢子堆短线状，扁平，常数个融合，埋伏在表皮内，成熟时不开裂，别于小麦秆锈病。

田间苗期发病严重的条锈病与叶锈病症状易混淆，不好鉴别。小麦叶锈夏孢子堆近圆形，较大，不规则散生，主要发生在叶面，成熟时表皮开裂一圈，别于条锈病。必要时可把条锈菌和叶锈菌的夏孢子分别放在两个载玻片上，往孢子上滴一滴浓盐酸后镜检，条锈菌原生质收缩成数个小团，而叶锈菌原生质在孢子中央收缩成一个大团。条锈病菌主要以夏孢子在小麦上完成周年的侵染循环。其侵染循环可分为越夏、侵染秋苗、越冬及春季流行四个环节。

防治方法：该病是气传病害，必须采取以种植抗病品种为主，药剂防治和栽培措施为辅的综合防治策略，才能有效地控制其危害。

选用抗（耐）病品种。在应用抗病品种时，注意抗锈品种合理布局。利用抗病品种群体抗性多样化或异质性来控制锈菌群体组成的变化和优势小种形成。避免品种单一化，但也不能过多，并注意定期轮换，防止抗性丧失。

农业防治。适期播种，适当晚插，不要过早，可减轻秋苗期条锈病发生。消除自生麦。提倡施用酵素菌沤制的堆肥或腐熟有机肥，增施磷钾肥，搞好氮磷钾合理搭配，增强小麦抗病力，速效氮不宜过多、过迟，防止贪青晚熟，加重受害。合理灌溉，土壤湿度大或雨后注意开沟排水，后期发病重的需适当灌水，减少产量损失。

药剂防治。在缺少抗病品种或原有抗病品种抗锈性丧失，又无接班品种的麦区，需要进行药剂防治。我国先后使用对锈病有效的杀菌剂有敌钠酸、敌锈钠、氟钡制剂、氨基碘酸钙、氟硅脲、萎锈灵、灭菌丹、代森锌等。近年主要推广三唑酮（粉锈宁）、特谱唑（速保利）等。方法一为药剂拌种，用种子重量0.30%（有效成分）三唑酮，即用25%三唑酮可湿性粉剂15克拌麦种150千克或12.5%特谱唑可湿性粉剂60～80克拌麦种50千克。方法二为春季叶面喷雾，拔节或孕穗期病叶普遍率达2%～4%，严重度达1%时开始喷洒20%三唑酮乳油或12.5%特谱唑（烯唑醇、速保利）可湿性粉剂1 000～2 000倍液、25%敌力脱（丙环唑）乳油2 000倍液，做到普治与挑治相结合。锈病、叶枯病、纹枯病混发时，于发病初期，亩用12.5%特谱唑可湿性粉剂20～35克，兑水50～80升喷施效果优异，既防治锈病，又可兼治叶枯病和纹枯病。

3. 叶锈病症状特点是什么？如何进行有效防治？

答：症状：主要危害小麦叶片，产生疱疹状病斑，很少发生在叶鞘及茎秆上。夏孢子堆圆形至长椭圆形，橘红色，比秆锈病小，较条锈病大，呈不规则散生，在初生夏孢子堆周围有时产生数个次生的夏孢子堆，一般多发生在叶片的正面，少数可穿透叶片。成熟后表皮开裂一圈，散出橘黄色的夏孢子；冬孢子堆主要发生在叶片背面和叶鞘上，圆形或长椭圆形，黑色，扁平，排列散乱，但成熟时不破裂。别于秆锈病和条锈病。叶锈病菌是一种多孢型转主寄生的病菌。在小麦上形成夏孢子和冬孢子，冬孢子萌发产生担孢子，在唐松草和小乌头上形成锈孢子和性孢子。

防治方法：种植抗（耐）病品种。加强栽培防病措施：适期播种，消灭杂草和自生麦苗，雨季及时排水。药剂防治：方法一为药剂拌种，用种子重量的0.03%～0.04%（有效成分）叶锈特或用种子重量0.2%的20%三唑酮乳油拌种。方法二为提供使用15%保丰1号种衣剂（活性成分为粉锈宁、多菌灵、辛硫磷）包衣种子后自动固化成膜状，播后形成保护圈，且持效期长，用量每千克种子用4克包衣防治小麦叶锈病、白粉病、全蚀病效果优异，且可兼治地下害虫。方法三为于发病初期喷洒20%三唑酮乳油1 000倍液，可兼治条锈病、秆锈病和白粉病，隔10～20天1次，防治1～2次。

4. 秆锈病症状特点是什么？如何进行有效防治？

答：症状：主要发生在叶鞘和茎秆上，也为害叶片和穗部。夏孢子堆大，长椭圆形，深褐色或褐黄色，排列不规则，散生，常连接成大斑，成熟后表皮易破裂，表皮大片开裂且向外翻成唇状，散出大量锈褐色粉末，即夏孢子。小麦成熟时，在夏孢子堆及其附近出现黑色椭圆至长条形冬孢子堆，后表皮破裂，散出黑色粉末状物，即冬孢子。三种锈病区别可用"条锈成行叶锈乱，秆锈是个大红斑"来概括。该病主要以夏孢子完成病害的侵染循环，在转主寄主小檗叶背形成的锈孢子侵染小麦，又形成夏孢子和冬孢子。

防治方法：选用抗病品种；药剂防治参见小麦条锈病、叶锈病。

5. 纹枯病症状特点是什么？如何进行有效防治？

答：症状：近年该病已成为我国麦区常发病害，在云南省发病相对较少。小麦受纹枯菌侵染后，在各生育阶段出现烂芽、病苗枯死、花秆烂茎、枯株白穗等症状。烂芽，芽鞘褐变，后芽枯死腐烂，不能出土；病苗枯死，发生在3～4叶期，初仅第一叶鞘上现中间灰色，四周褐色的病斑，后因抽不出新叶而致病苗枯死；花秆烂茎，拔节后在基部叶鞘上形成中间灰色，边缘浅褐色的云纹状病斑，病斑融合后，茎基部呈云纹花秆状；枯株白穗，病斑侵入茎壁后，形成中间灰褐色，四周褐色的近圆形或椭圆形眼斑，造成茎壁失水坏死，最后病株因养分、水分供不应求而枯死，形成枯株白穗。此外，有时该病还可形成病侵交界不明显的褐色病斑。发病早的减产 20％～40％，严重的形成枯株白穗或颗粒无收。病菌以菌丝或菌核在土壤和病残体上越冬或越夏。播种后开始侵染为害。在田间发病过程可分 5 个阶段即冬前发病期、越冬期、横向扩展期、严重度增长期及枯白穗发生期。

防治方法：应采取农业措施与化防相结合的综防措施，才能有效地控制其为害。选用抗病（耐）病品种。施用酵素菌沤制的堆肥或增施有机肥，采用配方施肥技术配合施用氮、磷、钾肥，不要偏施，可改善土壤理化性状和小麦根际微生物生态环境，促进根系发育，增强抗病力。适期播种，避免早播，适当降低播种量。及时清除田间杂草。雨后及时排水。

药剂防治：方法一为播种前药剂拌种，用种子重量 0.2％的 33％纹霉净（三唑酮加多菌灵）可湿性粉剂或用种子重量 0.03％～0.04％的 15％三唑醇（羟锈宁）粉剂、或 0.03％的 15％三唑酮（粉锈宁）可湿性粉剂或 0.0125％的 12.5％烯唑醇（速保利）可湿性粉剂拌种。播种时土壤相对含水量较低则易发生药害，如每 1.5 千克种子加 1.5 毫克赤霉素，就可克服上述杀菌剂的药害。方法二为翌年春季冬、春小麦拔节期，每亩用 5％井冈霉素水剂 7.5 克兑水 100 千克或 15％三唑醇粉剂 8 克兑水 60 千克或 20％三唑酮乳油 8～10 克兑水 60 千克，12.5％烯唑醇可湿性粉剂 12.5 克兑水 100 千克或 50％利克菌 200 克兑水 100 千克喷雾，防效比单独拌种的提高 10％～30％，增产2％～10％。方法三为选用 33％纹霉净可湿性粉剂或 50％甲基立枯灵（利克菌）可湿粉 400 倍液。于小麦拔节孕穗期叶面喷洒力克麦得，每亩用药量 15 毫升，兑水 15～25 千克，防治纹枯病，兼防小麦白粉病和锈病。

6. 黄矮病症状特点是什么？如何进行有效防治？

答：症状：主要表现叶片黄化，植株矮化。叶片典型症状是新叶发病从叶尖渐向叶基扩展变黄，黄化部分占全叶的 1/3～1/2，叶基仍为绿色，且保持较长时间，有时出现与叶脉平行但不受叶脉限制的黄绿相间条纹。病叶较光滑。发病早植株矮化严重，但因品种而异。冬麦发病不显症，越冬期间不耐低温易冻死，能存活的翌春分蘖减少，病株严重矮化，不抽穗或抽穗很小。拔节孕穗期发病的植株稍矮，根系发育不良。抽穗期发病仅旗叶发黄，植株矮化不明显，能提穗，粒重降低。与生理性黄化区别在于，生理性黄化的从下部叶片开始发生，整叶发病，田间发病较均匀。黄矮病下部叶片绿色，新叶黄化，旗叶发病较重，从叶尖开始发病，先出现中心病株，然后向四周扩展。蚜虫和灰飞虱是病毒传染的主要载体。

防治方法：选用抗（耐）病品种。农业防治：田边地埂上的杂草必须挖除干净，蚜虫也要进行灭杀，以控制传染源，切断传播途径。补救措施：田间如发现植株有明显矮化、丛生、花叶等病状时，应即行拔除。化学防治：黄矮病的治疗虽有困难，但预防却不难做到，关键是掌握蚜虫防治。药剂选择以蚜虫为主要灭杀对象的内吸性农药为宜。如氧乐菊酯、氰久等。

7. 赤霉病症状特点是什么？如何进行有效防治？

答：症状：小麦赤霉病别名麦穗枯、烂麦头、红麦头，是小麦的主要病害之一。小麦赤霉病在全世界普遍发生，主要分布于潮湿和半潮湿区域，尤其气候湿润多雨的温带地区受害严重，云南小麦赤霉病，主要发生于昭通市，病菌除了在小麦病残体越夏之外，还可以在玉米等作物上越夏。翌年在这些病残体上形成的子囊壳是主要侵染源。从幼苗到抽穗都可受害，主要引起苗枯、茎基腐、秆腐和穗腐，其中为害最严重的是穗腐。苗腐是由种子带菌或土壤中病残体侵染所致。先是芽变褐，然后根冠随之腐烂，轻者病苗黄瘦，重者死亡，枯死苗湿度大时产生粉红色霉状物（病菌分生孢子和子座）。穗腐小麦扬花时，初在小穗和颖片上产生水浸状浅褐色斑，渐扩穗部发病大至整个小穗，小穗枯黄。湿度大时，病斑处产生粉红色胶状霉层。后期其上产生密集的蓝黑色小颗粒（病菌子囊壳）。用手触摸，有突起感觉，不能抹去，籽粒干瘪并伴有白色至粉红色霉。小穗发病后扩展至穗轴，病部枯褐，使被害部以上小穗，形成枯白穗。茎基腐自幼苗出土至成熟均可发生，麦株基部组织受害后变褐腐烂，致全株枯死。秆腐多发生在穗下第一、二节，初在叶鞘上出现水渍状褪绿斑，后扩展为淡褐色至红褐色不规则形斑或向茎内扩展。病情严重时，造成病部以上枯黄，有时不能抽穗或抽出枯黄穗。迟熟、颖壳较厚、不耐肥品种发病较重；田间病残体菌量大发病重；地势低洼、排水不良、黏重土壤，偏施氮肥、密度大，田间郁闭发病重。

小麦赤霉病是一种典型的气候性病害，流行速度快，危害性大，以小麦扬花到灌浆期侵染危害为主，尤其是扬花期侵染危害最重。一般扬花期侵染，灌浆期显症，成熟期成灾。在抽穗期，如果遇 3 天以上连续阴雨天气，病害就可能严重发生。持续低温天气和降雨的影响对小麦赤霉病发生蔓延极为有利，若不进行预防，一般可减产 10%～20%，大流行年份减产 50%～60%，甚至绝收，对小麦生产构成严重威胁，同时大大降低了小麦食用和经济价值。

防治方法：选用抗（耐）病品种：广泛利用多种抗原，避免品种单一化，并要注意品种的定期轮换，防止抗性丧失。

农业防治：合理排灌，湿地要开沟排水。收获后要深耕灭茬，减少菌源。适时播种，避开扬花期遇雨。提倡施用秸秆腐熟剂沤制的堆肥，采用配方施肥技术，合理施肥，忌偏施氮肥，提高植株抗病力。

药剂防治：防治重点是在小麦扬花期预防穗腐发生。在始花期喷洒，要在小麦齐穗扬花初期（扬花株率 5%～10%）用药。每亩可选用 25%氰烯菌酯悬浮剂 100～200 毫升或 40%戊唑·咪鲜胺水乳剂 20～25 毫升或 28%烯肟·多菌灵可湿性粉剂 50～95 克，兑水 30～45 千克细雾喷施。此外小麦生长的中后期赤霉病、麦蚜、黏虫混发区，亩用 40%毒死蜱 30 毫升或 10%抗蚜威 10 克加 40%禾枯灵 100 克或 60%防霉宝 70 克加磷酸二氢钾 150 克或尿素、丰产素等，防效优异。

8. 腥黑穗病症状特点是什么？如何进行有效防治？

答：症状：小麦腥黑穗病别名腥乌麦、黑麦、黑疸。病症主要出现在穗部，一般病株较矮，分蘖较多，病穗稍短且直，颜色较深，初为灰绿色，后为灰黄色。颖壳麦芒外张，露出部分病粒（菌瘿）。病粒较健粒短粗，初为暗绿色，后变灰黑色，外包一层灰包膜，内部充满黑色粉末（病菌厚垣孢子），破裂散出含有三甲胺鱼腥味的气体，故称腥黑穗病。病菌以厚垣孢子附在种子外表或混入粪肥、土壤中越冬或越夏。当种子发芽时，厚垣孢子也随即萌发，厚垣孢子先产生先菌丝，其顶端生 6～8 个线状担孢子，不同性别担孢子在先菌丝上呈 H 状结合，然后萌发为较细的双核侵染线。从芽鞘侵入麦苗并到达生长点，后以菌丝体形态随小麦而发育，到孕穗期，侵入子房，破坏花器，抽穗时在麦粒内形成菌瘿即病原菌的厚垣孢子。小麦腥黑穗病菌的厚垣孢子能在水中萌发，有机肥浸出液对其萌发有刺激作用。萌发适温 16～20℃。病菌侵入麦苗温度 5～20℃，最适 9～12℃。湿润土壤（土壤持水量 40％以下）有利于孢子萌发和侵染。一般播种较深，不利于麦苗出土，增加病菌侵染机会，病害加重发生。

防治方法：种子处理：常年发病较重地区用 2％立克秀拌种剂 10～15 克，加少量水调成糊状液体与 10 千克麦种混匀，晾干后播种。也可用种子重量 0.15％～0.2％的 20％三唑酮（粉锈宁）或 0.1％～0.15％的 15％三唑醇（百坦、羟锈宁）、0.2％的 40％福美双、0.2％的 40％拌种双、0.2％的 50％多菌灵、0.2％的 70％甲基硫菌灵（甲基托布津）、0.2％～0.3％的 20％萎锈灵等药剂拌种和闷种，都有较好的防治效果。

肥料选用：提倡施用酵素菌沤制的堆肥或施用腐熟的有机肥。对带菌粪肥加入油粕或青草保持湿润，堆积一个月后再施到地里，或与种子隔离施用。

农业防治：春麦不宜播种过早，冬麦不宜播种过迟。播种不宜过深。播种时施用硫铵等速效化肥做种肥，可促进幼苗早出土，减少侵染机会。冬麦提倡在秋季播种时，基施长效碳铵 1 次，可满足整个生长季节需要，减少发病。

9. 散黑穗病症状特点是什么？如何进行有效防治？

答：症状：小麦同时受腥黑穗病菌和散黑穗病菌侵染时，病穗上部表出腥黑穗，下部为散黑穗。散黑穗病菌偶尔也侵害叶片和茎秆，在其上长出条状黑色孢子堆。*Ustilago nuda*（Jens.）Rostr. 称散黑粉菌，属担子菌亚门真菌。异名 *U. tritici*（Pers.）Rostr. 厚垣孢子球形，褐色，一边色稍浅，表面布满细刺，直径 5～9 微米。厚垣孢子萌发温限 5～35℃，以 20～25℃最适。萌发时生先菌丝，不产生担孢子。侵害小麦，引致散黑穗病，该菌有寄主专化现象，小麦上的病菌不能侵染大麦，但大麦上的病菌能侵染小麦。厚垣孢子萌发，只产生四个细胞的担子，不产生担孢子。散黑穗病是花器侵染型病害，一年只侵染一次。带菌种子是病害传播的唯一途径。小麦扬花期空气湿度大，常阴雨天利于孢子萌发侵入，形成病种子多，翌年发病重。

防治方法：（1）温汤浸种：①变温浸种。先将麦种用冷水预浸 4～6 小时，捞出后用 52～55℃ 温水浸 1～2 分钟，使种子温度升到 50℃，再捞出放入 56℃ 温水中，使水温降至 55℃ 浸 5 分钟，随即迅速捞出经冷水冷却后晾干播种。②恒温浸种。把麦种置于 50～55℃ 热水中，立刻搅拌，使水温迅速稳定至 45℃，浸 3 小时后捞出，移入冷水中冷却，晾干后播种。

（2）石灰水浸种：用优质生石灰 0.5 千克，溶在 50 千克水中，滤去渣滓后静浸选好的麦种 30 千克，要求水面高出种子 10～15 厘米，种子厚度不超过 66 厘米，浸泡时间，气温 20℃ 浸 3～5 天，气温 25℃ 浸 2～3 天，30℃ 浸 1 天即可，浸种以后不再用清水中洗，摊开晾干后即可播种。

（3）药剂拌种：用种子重量 63% 的 75% 萎锈灵可湿性粉剂拌种，或用种子重量 0.08%～0.1% 的 20% 三唑酮乳油拌种。也可用 40% 拌种双可湿性粉剂 0.1 千克，拌麦种 50 千克或用 50% 多菌灵可湿性粉剂 0.1 千克，兑水 5 千克，拌麦种 50 千克，拌后堆闷 6 小时，可兼治腥黑穗病；27% 苯醚甲环唑·咯菌腈·噻虫嗪悬浮种衣剂，54～108 克有效成分（a.i.）/100 千克种子拌种，可有效预防散黑穗病并防治地下害虫（于淑晶等，2018）

10. 小麦根腐病症状特点是什么？如何进行有效防治？

答：症状：小麦根腐病是由禾旋孢腔菌引起，危害小麦幼苗、成株的根、茎、叶、穗和种子的一种真菌病害。该病症状因气候条件而不同。在干旱半干旱地区，多引起茎基腐、根腐；多湿地区除以上症状外，还引起叶斑、茎枯、穗颈枯。幼苗受侵，芽鞘和根部变褐甚至腐烂；严重时，幼芽不能出土而枯死；在分蘖期，根茎部产生褐斑，叶鞘发生褐色腐烂，严重时也可引起幼苗死亡。成株期在叶片或叶鞘上，最初产生黑褐色梭形病斑，以后扩大变为椭圆形或不规则形褐斑，中央灰白色至淡褐色，边缘不明显。在空气湿润和多雨期间，病斑上产生黑色霉状物，用手容易抹掉（与球霉病，颖枯病和叶枯病不易用手抹掉不同）。叶鞘上的病斑还可引起茎节发病。穗部发病，一般是个别小穗发病。小穗梗和颖片变为褐色。在湿度较大时，病斑表面也产生黑色霉状物，有时会发生穗枯或掉穗。种子受害时，病粒胚尖呈黑色，重者全胚呈黑色，但胚尖或全胚发黑者不一定是根腐病菌所致，也可能是由假黑胚病菌所致，根腐病除发生在胚部以外，也可发生在胚乳的腹背或腹沟等部分。病斑梭形，边缘褐色，中央白色。此种种子叫"花斑粒"。

防治方法：

（1）因地制宜地选用适合当地栽培的抗根腐病的品种，种植不带黑胚的种子。

（2）提倡施用酵素菌沤制的堆肥或腐熟的有机肥。麦收后及时耕翻灭茬，使病残组织当年腐烂，以减少下年初侵染源。

（3）采用小麦与豆科、马铃薯、油菜等轮作方式进行换茬，适时早播，浅播，土壤过湿的要散墒后播种，土壤过干则应采取镇压保墒等农业措施减轻受害。

（4）230克/升吡虫啉·苯醚·咯悬浮种衣剂拌种，可有效预防小麦根腐病等根部病害。

11. 小麦粒瘿线虫病症状特点是什么？如何进行有效防治？

答：症状：小麦受害后，从苗期稻成熟均能表现出症状。受害幼苗主要表现为分蘖粗肿，叶片皱褶卷曲；抽穗前后的病株，除叶片皱褶卷曲外，还表现为叶鞘松弛，茎秆肥肿弯曲，有时呈"Z"字形，在叶片上偶尔可见圆形突起的瘿瘤。线虫破坏子房，可形成虫瘿。虫瘿较麦粒粗短，因而致使病穗的颖壳及芒外张。虫瘿逐由绿色变为油绿色，最后呈栗褐色，且坚硬，内部充满白色絮状的休眠线虫。

防治方法：

（1）实行植物检疫：加强检验，防止带有虫瘿种子远距离传播；建立无病留种制度，设立无病种子田，种植可靠无病种子。清除麦种中虫瘿。

（2）实施轮作：与非寄主作物轮作 2 年。

（3）汰选麦种：利用虫瘿比重轻的特点，进行清水选种，或用 30%～40% 的黏土泥水选种，也用 20% 盐水或 26% 磷酸铵水选种。清水选种动作要迅速，随搅随捞，以免虫瘿吸水下沉，用盐水选种后，种子要用清水洗净。硫酸铵水选种后，如用石灰水浸种，也需洗净。还可利用种子和虫瘿形状、大小上的差异，进行机械汰除。选出的虫瘿，不要随意倒入粪肥或田间，防止虫瘿混入粪肥，施用充分腐熟有机肥。

（4）温水处理种子：种子在 54℃温水中浸泡 10 分钟，可杀死轻度受害种子中的幼虫。

（5）药剂处理种子：用 50％甲基对硫磷或甲基异柳磷，按种子量 0.2％拌闷种子。每 100 千克种子用药 200 克兑水 20 千克，混匀后，堆 50 厘米厚，闷种 4 小时，即可播种。

（6）药剂防治：用 15％涕灭威颗粒剂每亩 37.5～100 克或 10％克线磷200 克、3％万强颗粒剂 150 克。

第二节　云南省麦类虫害防治技术要点

1. 蚜虫种类及形态特征是什么？主要危害特点是什么？如何进行有效防治？

答：种类及形态特征：蚜虫分布极广，几乎遍及世界各产麦国，我国为害麦类的蚜虫有多种，通常较普遍而重要的有：麦长管蚜、麦二叉蚜、黍缢管蚜、无网长管蚜。在国内除无网长管蚜分布范围狭外，其余在各麦区均普遍发生，但常以麦长管蚜和麦二叉蚜发生数量最多，为害最重。

麦长管蚜：无翅孤雌蚜体长 3.1 毫米，宽 1.4 毫米，长卵形，草绿色至橙红色，头部略显灰色，腹侧具灰绿色斑。触角、喙端节、财节、腹管黑色，尾片色浅；有翅孤雌蚜，体长 3.0 毫米，椭圆形，绿色，触角黑色。

麦二叉蚜：无翅孤雌蚜体长 2.0 毫米，卵圆形，淡绿色，背中线深绿色，腹管浅绿色，顶端黑色；有翅孤雌蚜，体长 1.8 毫米，长卵形。活时绿色，背中线深绿色，头、胸黑色，腹部色浅，触角黑色。

黍缢管蚜：无翅孤雌蚜体长 1.9 毫米，宽卵形，活体黑绿色，嵌有黄绿色纹，被有薄粉，腹管基部四周具锈色纹；有翅孤雌蚜体长 2.1 毫米，长卵形，活体头、胸黑色，腹部深绿色，具黑色斑纹。

主要危害特点：蚜虫俗称油虫、腻虫、蜜虫，是小麦的主要害虫之一，可对麦类进行刺吸为害，影响麦类光合作用及营养吸收、传导。麦类抽穗后集中在穗部为害，形成秕粒，使千粒重降低造成减产。若虫、成虫常大量群集在叶片、茎秆、穗部吸取汁液，被害处初呈黄色小斑，后为条斑，枯萎、整株变枯至死。麦长管蚜多在植物上部叶片正面为害，抽穗灌浆后，迅速增殖，集中穗部为害。麦二叉蚜喜在作物苗期为害，被害部形成枯斑，其他蚜虫无此症状。麦蚜还能造成间接为害，即传播麦类病毒病，其中以传播黄矮病为害最大。一般早播麦田，蚜虫迁入早，繁殖快，为害重；夏秋作物的种类和面积直接关系麦蚜的越夏和繁殖。前期多雨气温低，后期一旦气温升高，常会造成小麦的大爆发。

防治方法：预测预报：当孕穗期有蚜株率达 50％，百株平均蚜量 200～250 头或灌浆初期有蚜株率 70％，百株平均蚜量 500 头时即应进行防治。农业防治：方法一为选用抗虫品种。方法二为适时集中播种，冬麦适当晚播，春麦适时早播。方法三为合理施肥浇水。生物防治：减少或改进施药方法，避免杀伤麦田天敌。充分利用瓢虫、食蚜蝇、草蛉、蚜茧蜂等天敌。

药剂防治：为了保护天敌，尽量选用对天敌杀伤力小的农药。①苗期治蚜，用 0.3％的 75％3911 乳油，加种子量 7％左右的清水，喷洒在麦种上，边喷边搅拌；也可用 50％灭蚜松乳油 150 毫升，兑水 5 千克，喷洒在 50 千克麦种上，堆闷 6～12 小时后播种；用 3％呋喃丹颗粒剂或 5％涕灭威颗粒剂、5％3911 颗粒剂，每亩 21.5 千克盖种，持效期可达 1～1.5 个月。②穗期麦蚜，必要时田间喷洒 2.5％扑虱蚜可湿性粉剂或 10％吡虫啉（一遍净）可湿性粉剂2 500 倍液或 2.5％高渗吡虫啉可湿性粉剂 3 000 倍液、50％抗蚜威可湿性粉剂3 500～4 000 倍液、18％高渗氧乐果乳油 1 500 倍液、50％马拉硫磷乳油1 000 倍液、20％康福多浓可溶剂或 90％快灵可溶性粉剂 3 000～4 000 倍液、50％杀螟松乳油 2 000 倍液或 2.5％溴氰菊酯乳油 3 000 倍液。也可选用 40％辉丰 1 号乳油，每亩 30 毫升，兑水 40 千克，防效 99％，优于 40％氧化乐果。

2. 吸浆虫类及形态特征？危害特点是什么？如何进行有效防治？

答：种类及形态特征：吸浆虫又名麦蛆，分麦红吸浆虫和麦黄吸浆虫两种，属双翅目瘿蚊科。红吸浆虫成虫体长 2～2.5 毫米，翅展约 5 毫米，体橘红色。雄虫触角 14 节，因每节有 2 等长的结，每个结上有 1 圈长环状毛，看似 26 节；抱雌器基节有齿，端节细，腹瓣狭，比背瓣长，前端有浅刻。雌虫触角每节只有 1 结，环状毛极短。产卵器不长，伸出时不超过腹长之半，末端有 2 瓣。卵大小约 0.32 毫米×0.08 毫米，长卵形，末端无附属物。幼虫体长3～3.5毫米，橙黄色，体表有鳞状突起，前胸腹面有 Y 形剑骨片，前端有锐角深陷，末节末端有 4 个突起。蛹体橘红色，头部前 1 对毛较短。黄吸浆虫成虫与红吸浆虫相似，主要区别为体鲜黄色，雄虫抱雌器基节无齿；雌虫产卵器很长，伸出时同身体一样长。卵大小为 0.25 毫米×0.068 毫米，末端有透明带状附属物，约与卵等长。幼虫体长 2～2.5 毫米，黄绿色，入土后为鲜黄色，体表光滑，剑骨片前端有弧形浅裂，末节末端有 2 个突起。蛹鲜黄色，头部前1 对毛较长。

危害特点：吸浆虫不仅为害小麦，还为害大麦、黑麦、鹅冠草等，几乎遍及麦类产区。吸浆虫以幼虫潜伏在颖壳内吸食正在灌浆的麦粒汁液，造成疵粒、空壳。大发生年可形成全田毁灭，颗粒无收。

防治方法：农业生物措施防治，在吸浆虫发生严重的地区，由于害虫发生的密度较大，可通过调整作物布局，实行轮作倒茬，使吸浆虫失去寄主。可实行土地连片深翻，把潜藏在土里的吸浆虫暴露在外，促其死亡，同时加强肥水管理，春灌是促进吸浆虫破茧上升的重要条件，要合理减少春灌，尽量不灌，实行水地旱管。施足基肥，春季少施化肥，促使小麦生长发育整齐健壮，减少吸浆虫侵害的机会。

化学防治，蛹期防治：方法一为毒土，亩用 6％林丹粉 1～1.5 千克；2.5％林丹粉 2～2.5 千克；4.5％甲敌粉或 1.5％甲基 1605 粉 2.5 千克，于其中任选一种拌细土 20～25 千克，再用 2～3 千克水兑上毒土制成手握成团，落地即散，散时没有药粉飞扬，闻不到呛味。撒毒土时间以上午 10 时后，没有露水为好。撒时要均匀，撒后浇水可提高药效。方法二为熏蒸，亩用 50％敌敌畏乳剂 150 毫升，兑水 3 千克，喷拌在 20 千克的麦糠上，手握成团，落地即散。顺麦垄，一米放一小把，可起到熏蒸杀虫作用，药效持久。成虫期防治：亩用 50％敌敌畏 50 毫升，50％敌马合剂 100 毫升，50％一六〇五 50 毫升等任一种兑水 50 千克常规喷雾，成虫抗药性不强，凡治麦蚜的药都可用。防治时间最好是晴天、无风、黄昏前后最理想，因为此时吸浆虫最活跃，飞翔于麦穗间产卵，易于着药。而上午 10 时后，下午 4 时前吸浆虫多隐蔽于麦株中下部，不易着药。

3. 金针虫种类及形态特征是什么？危害特点是什么？如何进行有效防治？

答：种类及形态特征：金针虫是叩头虫科幼虫的统称，主要的金针虫种类有沟金针虫、细胸金针虫、褐纹金针虫三种。叩头虫一般颜色较暗，体形细长或扁平，具有梳状或锯齿状触角。胸部下侧有一个爪，受压时可伸入胸腔。当叩头虫仰卧，若突然敲击爪，叩头虫即会弹起，向后跳跃。幼虫圆筒形，体表坚硬，蜡黄色或褐色，末端有两对附肢，体长 13～20 毫米。根据种类不同，幼虫期 1～3 年，蛹在土中的土室内，蛹期大约 3 周。成虫体长 8～9 毫米或 14～18 毫米，依种类而异。体黑或黑褐色，头部生有 1 对触角，胸部着生 3 对细长的足，前胸腹板具 1 个突起，可纳入中胸腹板的沟穴中。头部能上下活动似叩头状，故俗称"叩头虫"。幼虫体细长，25～30毫米，金黄或茶褐色，并有光泽，故名"金针虫"。身体生有同色细毛，3对胸足大小相同。金针虫每3年完成1代，以成虫及不同龄期幼虫越冬。

危害特点：幼虫可咬断刚出土的小麦幼苗，也可外入已长大的幼苗根里取食为害，被害处不完全咬断，断口不整齐。小麦抽穗以后金针虫幼虫还能钻蛀到小麦根部节间内，蛀食根节维管组织，呈碎屑状，被害株则干枯而死亡。成虫喜啃食小麦苗的叶片边缘或叶片中部叶肉，残留相对一面的叶表皮和纤维状叶脉，被害叶片干枯后，呈不规则残缺破损，并喜欢吮吸折断小麦茎秆中流出的汁液。

防治方法：金针虫幼虫长期在土壤中栖息为害，防治较为困难。根据金针虫的发生规律及田间管理特点，以农业防治为基础，化学防治为主要手段，采取成虫防治与幼虫防治相结合，播种期防治和生长期防治相结合，人工诱杀与药剂治虫相结合，可起到标本兼治的效果。农业技术措施：方法一为精耕细作。麦收后及时伏耕，可加重机械损伤，破坏蛹室及蛰后成虫的土室，并可将部分成虫、幼虫、蛹翻至地表，使其遭受不良气候影响和天敌的杀害，增加死亡率。方法二为适时浇水。浇水可减轻金针虫为害，当土壤湿度达到35％～40％时，金针虫即停止为害，下潜到15～30厘米深的土层中。在早春小麦拔节后，气温回升，金针虫开始活动并为害小麦的基部节间，此时也适逢小麦生长需水时期，因此及时进行浇水，可起到既防虫又能促进小麦高产的效果。方法三为灯光诱杀，利用金针虫成虫趋光性，于成虫发生期在田间地头设置黑光灯诱杀成虫，减少田间虫卵数量。

化学药剂防治：方法一为药剂拌种，采用目前高效无公害的拌种剂丰洽或者农洽三合一或者氟虫腈进行药剂拌种，减少危害。方法二为毒土、毒饵治虫，在黄昏时撒在田间麦行，利用地下害虫昼伏夜出的习性，将其杀死。方法三为灌根，对于冬前小麦出现因金针早为害造成的死苗，要及早进行灌根，防止虫害的漫延。可用48％毒死蜱每100～150毫升兑水50～70千克灌根或在浇地浇水的时候进行冲施。对于出现虫害的地段要适当增加灌根面积，提高防治效果。

4. 蛴螬种类及形态特征是什么？危害特点是什么？如何进行有效防治？

答：种类及形态特征：蛴螬是金龟甲的幼虫，别名白土蚕、核桃虫。成虫通称为金龟甲或金龟子。危害多种植物和蔬菜。按其食性可分为植食性、粪食性、腐食性三类。其中植食性蛴螬食性广泛，为害多种农作物、经济作物和花卉苗木，喜食刚播种的种子、根、块茎以及幼苗，是世界性的地下害虫，危害很大。蛴螬体肥大，体形弯曲呈 C 形，多为白色，少数为黄白色，头部黄褐色，上颚显著，腹部肿胀。体壁较柔软多皱，体表疏生细毛。头大而圆，生有左右对称的刚毛，刚毛数量的多少常为分种的特征。如华北大黑鳃金龟的幼虫为 3 对，黄褐丽金龟幼虫为 5 对。蛴螬具胸足 3 对，一般后足较长。腹部 10 节，第 10 节称为臀节，臀节上生有刺毛，其数目的多少和排列方式也是分种的重要特征。

危害特点：蛴螬咬食幼苗嫩茎，当植株枯黄而死时，它又转移到别的植株继续为害。此外，因蛴螬造成的伤口还可诱发病害发生。

防治办法：农业防治：实行水、旱轮作；在玉米生长期间适时灌水；不施未腐熟的有机肥料；精耕细作，及时镇压土壤，清除田间杂草；大面积春、秋耕，并跟犁拾虫等。发生严重的地区，秋冬翻地可把越冬幼虫翻到地表使其风干、冻死或被天敌捕食，机械杀伤，防效明显；同时，应防止使用未腐熟有机肥料，以防止招引成虫来产卵。

药剂处理土壤：用 50％辛硫磷乳油每亩 200～250 克，加水 10 倍喷于 25～30 千克细土上拌匀制成毒土，顺垄条施，随即浅锄，或将该毒土撒于种沟或地面，随即耕翻或混入厩肥中施用；用 2％甲基异柳磷粉每亩 2～3 千克拌细土 25～30 千克制成毒土；用 3％甲基异柳磷颗粒剂、3％呋喃丹颗粒剂、5％辛硫磷颗粒剂或 5％地亚农颗粒剂，每亩 2.5～3 千克处理土壤。

药剂拌种：用 50％辛硫磷、50％对硫磷或 20％异柳磷药剂与水和种子按 1∶30∶（400～500）的比例拌种；用 25％辛硫磷胶囊剂或 25％对硫磷胶囊剂等有机磷药剂或用种子重量 2％的 35％克百威种衣剂包衣，还可兼治其他地下害虫。

毒饵诱杀：每亩地用 25％对硫磷或辛硫磷胶囊剂 150～200 克拌谷子等饵料 5 千克，或 50％对硫磷、50％辛硫磷乳油 50～100g 拌饵料 3～4kg，撒于种沟中，亦可收到良好防治效果。

物理方法：有条件地区，可设置黑光灯诱杀成虫，减少蛴螬的发生数量。

生物防治：利用茶色食虫虻、金龟子黑土蜂、白僵菌等。

5. 小麦黏虫种类及形态特征是什么？危害特点是什么？如何进行有效防治？

答：种类及形态特征：学名 *Mythimnaseparata*（Walker）鳞翅目，夜蛾科。异名 *Leucaniaseparata* Walker，别名粟夜盗虫、剃枝虫，俗名五彩虫、麦蚕等。成虫体长 15～17 毫米，翅展 36～40 毫米。头部与胸部灰褐色，腹部暗褐色。前翅灰黄褐色、黄色或橙色，变化很多；内横线往往只现几个黑点，环纹与肾纹褐黄色，界限不显著，肾纹后端有一个白点，其两侧各有一个黑点；外横线为一列黑点；亚缘线自顶角内斜至 Mz；缘线为一列黑点。后翅暗褐色，向基部色渐淡。卵长约 0.5 毫米，半球形，初产白色渐变黄色，有光泽。卵粒单层排列成行成块。老熟幼虫体长 38 毫米。头红褐色，头盖有网纹，额扁，两侧有褐色粗纵纹，略呈"八"字形，外侧有褐色网纹。体色由淡绿至浓黑，变化甚大（常因食料和环境不同而有变化）；在大发生时背面常呈黑色，腹面淡污色，背中线白色，亚背线与气门上线之间稍带蓝色，气门线与气门下线之间粉红色至灰白色。腹足外侧有黑褐色宽纵带，足的先端有半环式黑褐色趾钩。蛹长约 19 毫米；红褐色；腹部 5～7 节背面前缘各有一列齿状点刻；臀棘上有刺 4 根，中央 2 根粗大，两侧的细短刺略弯。

危害特点：黏虫寄生于麦、稻、粟、玉米等禾谷类粮食作物及棉花、豆类、蔬菜等 16 科 104 种以上植物。幼虫食叶，大发生时可将作物叶片全部食光，造成严重损失。在麦田喜把卵产在麦株基部枯黄叶片叶尖处折缝里；初孵幼虫有群集性，1、2 龄幼虫多在麦株基部叶背或分蘖叶背光处为害，3 龄后食量大增，5～6 龄进入暴食阶段，食光叶片或把穗头咬断，其食量占整个幼虫期 90% 左右，3 龄后的幼虫有假死性，受惊动迅速卷缩坠地，畏光，晴天白昼潜伏在麦根处土缝中，傍晚后或阴天爬到植株上为害，幼虫发生量大食料缺乏时，常成群迁移到附近地块继续为害，初龄幼虫仅能啃食叶肉，使叶片呈现白色斑点。成虫产卵于叶尖或嫩叶、心叶皱缝间，常使叶片成纵卷。成虫昼伏夜出，傍晚开始活动。黄昏时觅食，成虫对糖醋液趋性强，产卵趋向黄枯叶片；老熟幼虫入土化蛹。成虫喜在茂密的田块产卵，生产上长势好的小麦、粟、水稻田、生长茂密的密植田及多肥、灌溉好的田块，利于该虫大发生。

防治办法。农业防治：利用成虫多在禾谷类作物叶上产卵习性，在麦田插谷草把或稻草把，每公顷插入 900～1 500 个，每 5 天更换新草把，把换下的草把集中烧毁。

毒饵诱杀：用糖醋盆诱杀，将糖 6 份、醋 3 份、白酒 1 份、水 10 份、90％敌百虫 1 份，兑到一起调匀；或用泡菜水加适量农药，在成虫发生期喷施。

生物防治：利用天敌进行生物防治，天敌主要有步行甲、蛙类、鸟类、寄生蜂、寄生蝇等。

物理防治：用黑光灯诱杀成虫，也有较好的效果。

药剂防治：一种方法是用 2.5％敌百虫粉或 5％杀虫畏粉，在幼虫 3 龄前喷撒，每公顷喷 22.5～37.5 千克。另一种方法是用 90％晶体敌百虫 1 000 倍液或 50％马拉硫磷乳油 1 000～1 500 倍液，还可以用 90％晶体敌百虫 1 500 倍液加 40％乐果乳油 1 500 倍液，在幼虫 3 龄前喷洒，每公顷喷兑好的药液 1 125 升。第三种方法是每公顷用 20％除虫脲胶悬剂 150 毫升，兑水 187.5 千克，用东方红—18 型弥雾机喷洒；或每公顷用 20％除虫脲 1 号胶悬剂 150 毫升，兑水 7.5 千克，采取 Y—5 型飞机超低量喷雾方式进行大面积联防。

6. 麦蜘蛛种类及形态特征是什么？危害特点是什么？如何进行有效防治？

答：种类及形态特征。麦蜘蛛属蛛形纲，蜱螨目。国内危害小麦的螨类主要由麦圆蜘蛛与麦长腿蜘蛛两种。麦蜘蛛一生有卵、若虫、成虫 3 个虫态。麦长腿蜘蛛：雌成螨体卵圆形，黑褐色，体长 0.6 毫米，宽 0.45 毫米，成螨 4 对足，第一对和第四对足发达。卵呈圆柱形。幼螨 3 对足，初为鲜红色，取食后呈黑褐色。若端 4 对足，体色、体形与成螨相似。麦圆蜘蛛：成螨卵圆形，深红褐色，背有一红斑，有 4 对足，第一对足最长。卵椭圆形，初为红色，渐变淡红色；幼螨有足 3 对。若虫有足 4 对，与成虫相似。

危害特点。麦蜘蛛在连作麦田，靠近村庄、堤埝、坟地等杂草较多的地块发生为害严重。水旱轮作和收麦后深翻的地块发生轻。麦蜘蛛喜欢温暖干燥的麦田，对于多旱少雨的季节，麦蜘蛛危害较为严重，其对于大气湿度极为敏感，麦蜘蛛借助风力进行病害传播。主要在小麦苗期会渐渐吸食小麦汁液，被害的小麦枝叶呈现出白斑，随着麦蜘蛛病害的蔓延会渐渐变黄，轻则影响小麦的正常生长，造成小麦植株矮小，小麦的穗小粒轻；严重的情况下，造成小麦整株干枯死亡；小麦植株在严重被害后，抗害力显著降低。麦蜘蛛在小麦拔节期危害较为严重，小麦在受害后及时浇水施肥，可以有效地减轻小麦的受害程度。

防治办法。农业防治：实行倒茬轮作，清除田边杂草，减少麦田虫源；耕翻灭茬，破坏卵的越夏场所。灌水淹死在土表和落叶上的成虫。

物理防治：诱杀成虫和诱集产卵，利用黑光灯和糖醋液诱杀成虫；利用枯草引诱成虫产卵并灭卵。

早防早治：在麦蜘蛛发生早期，进行田间点片挑治，采取"灭虫源，控点片，发现一株治一圈，发现一点治一片"的方法，消灭田边、地头杂草上的虫源，防止其进一步扩散蔓延。加强小麦间的管理，选用抗病性强、优质的小麦品种进行播种；在小麦种植区域对土壤进行深耕翻新，更有利于后期小麦的生长发育；在发现小麦病株后及时拔除，并将其带离种植区域进行销毁，并在病株区域撒上生石灰，可以有效地防治麦蜘蛛病害的蔓延；农业人员应加强小麦间的农业防治措施，重视小麦间虫情的监测，及时发现，进行及时的防治。

药剂喷雾：用40％乐果乳油1 000倍液喷雾，或20％哒螨灵1 000～1 500倍液，或50％马拉硫磷2 000倍液喷雾防治，对麦长腿蜘蛛和麦圆蜘蛛均有较好防治效果。药液重点喷在麦叶背面，同时兼顾全株，套种作物也一并喷到。在小麦田间黏虫低龄幼虫达15头/平方米时，在幼虫3龄前及时喷施杀虫剂，每亩用灭幼脲3号15～20克加50％辛硫磷乳油50克兑水1 000倍液喷雾，防治效果均在90％以上，持效期长达20天，对瓢虫、食蚜蝇、蚜茧蜂和草蛉等多种天敌均无明显杀伤作用。另外，0.04％二氯苯醚菊酯粉剂，每亩1.5～2千克防效在90％以上，对天敌的杀伤力小于敌百虫等有机磷农药。

撒施毒土：每亩用40％乐果乳油50克，兑等量水均匀拌入1 015千克细砂土内，配制成乐果毒土，顺垄撒施。或者用75％甲拌磷乳油100～200毫升兑水5千克，喷拌50千克麦种，堆闷半天即可。田间施药可用40％三氯杀螨醇1 500倍液，或用50％马拉硫磷2 000倍液，亩用75千克药液。

7. 地老虎种类及形态特征是什么？危害特点是什么？如何进行有效防治？

答：种类及形态特征：为害小麦的主要有小地老虎和大地老虎。小地老虎：成虫体长16～23毫米，翅展42～54毫米；前翅黑褐色，有肾状纹、环状纹和棒状纹各一，肾状纹外有尖端向外的黑色楔状纹与亚缘线内侧2个尖端向内的黑色楔状纹相对。卵半球形，直径0.6毫米，初产时乳白色，孵化前呈棕褐色。老熟幼虫体长37～50毫米，黄褐至黑褐色；体表密布黑色颗粒状小突起，背面有淡色纵带；腹部末节背板上有2条深褐色纵带。蛹体长18～24毫米，红褐至黑褐色；腹末端具 1 对臀棘。大地老虎：成虫体长 20～23 毫米，翅展 52～62 毫米；前翅黑褐色，肾状纹外有一不规则的黑斑。卵半球形，直径 1.8 毫米，初产时浅黄色，孵化前呈灰褐色。老熟幼虫体长 41～61 毫米，黄褐色；体表多皱纹。蛹体长 23～29 毫米，腹部第 4～7 节前缘气门之前密布刻点。分布也较普遍，并常与小地老虎混合发生；以长江流域地区危害较重。

危害特点：危害最重的地下害虫，多食性，种群分布 3 龄前的幼虫多在土表或植株上活动，昼夜取食叶片、心叶、嫩头、幼芽等部位，将幼苗近地面的茎部咬断，使整株死亡，造成缺苗断垄。3 龄后分散入土，白天潜伏土中，夜间活动为害，主要以幼虫为害幼苗。

防治办法：人工防治：由于高温和低温均不适于地老虎生存、繁殖。在温度 30℃±1℃或 5℃以下条件下，可使小地老虎 1～3 龄幼虫大量死亡。平均温度高于 30℃时成虫寿命缩短。大地老虎常因土壤湿度不适而大量死亡。小地老虎卵多产在土表、植物幼嫩茎叶上和枯草根际处，散产或堆产。因此可上茬收获后及时清理田间杂草，深翻土地，减少虫卵。堆肥充分发酵，高温杀死虫卵。

培养天敌：自然界中，地老虎的天敌优姬蜂、寄生蝇、绒茧蜂等，大量培养对地老虎的发生有一定抑制作用。

诱杀：利用地老虎对黑光灯和糖酒醋液的趋性，用糖醋液或黑光灯诱杀越冬代成虫，在春季成虫发生期设置诱蛾器（盆）诱杀成虫。采用新鲜泡桐叶，用水浸泡后，每亩 50～70 片叶，于 1 代幼虫发生期的傍晚放入菜田内，次日清晨人工捕捉。也可采用鲜草或菜叶每亩 20～30 千克，在菜田内撒成小堆诱集捕捉。

药剂防治：在幼虫 3 龄前施药防治，可取得较好效果。①喷粉用 2.5％敌百虫粉剂每亩 2.0～2.5 千克喷粉。②撒施毒土用 2.5％敌百虫粉剂每亩 1.5～2 千克加 10 千克细土制成毒土，顺垄撒在幼苗根际附近，或用 50％辛硫磷乳油 0.5 千克加适量水喷拌细土 125～175 千克制成毒土，每亩撒施毒土 20～25 千克。③喷雾可用 90％晶体敌百虫 800～1 000 倍液、50％辛硫磷乳油 800 倍液、50％杀螟硫磷 1 000～2 000 倍液、20％菊杀乳油 1 000～1 500 倍液、2.5％溴氰菊酯（敌杀死）乳油 3 000 倍液喷雾。④毒饵多在 3 龄后开始取食时应用，每亩用 2.5％敌百虫粉剂 0.5 千克或 90％晶体敌百虫 1 000 倍液均匀拌在切碎的鲜草上，或用 90％晶体敌百虫加水 2.5～5 千克，均匀拌在 50 千克炒香的麦麸或碾碎的棉籽饼（油渣）上，用 50％辛硫磷乳油 50 克拌在 5 千克棉籽饼上，制成的毒饵于傍晚在麦田内每隔一定距离撒成小堆。⑤灌根，在虫龄较大、为害严重的麦田，可用80%敌敌畏乳油或50%辛硫磷乳油，或50%二嗪农乳油1 000～1 500倍液灌根。

第三节　云南省麦类草害防治技术要点

1. 野燕麦形态特征是什么？生长危害情况如何？

答：形态特征：又名乌麦，铃铛麦、燕麦草，禾本科燕麦属，一年生。须根较坚韧，秆直立，光滑无毛，高60～120厘米，具2～4节。第1片真叶带状，先端急尖，叶缘具睫毛，具11条直出平行叶脉，叶舌顶端不规则齿裂，无叶耳，叶片与叶鞘均光滑无毛。第2片真叶带状披针形，其他与前者相似。叶鞘松弛，叶舌透明膜质，长1～5毫米；叶片扁平，长10～30厘米，宽4～12毫米，微粗糙，或上面和边缘疏生柔毛。圆锥花序开展，金字塔形，长10～25厘米，分枝具棱角，粗糙；小穗长18～25毫米，含2～3小花，其柄弯曲下垂，顶端膨胀；小穗轴密生淡棕色或白色硬毛，其节脆硬易断落，第一节间长约3毫米；颖草质，几相等，通常具9脉；外稃质地坚硬，第一外稃长15～20毫米，背面中部以下具淡棕色或白色硬毛，芒自稃体中部稍下处伸出，长2～4厘米，膝曲，芒柱棕色，扭转。颖果被淡棕色柔毛，腹面具纵沟，长6～8毫米。花果期4～9月。

生长及危害：野燕麦是小麦的伴生杂草，由于发生的环境条件一致，苗期形态相似，难以防除，危害极大。野燕麦的生长习性不仅与小麦相似，而且出苗不一致，长势凶猛，繁殖率高。成熟比小麦早。由一粒种子长成的野燕麦可有15～25个分蘖，最多可达64个分蘖；每株结种子410～530粒，多的可达1 250～2 600粒；种子在土壤中持续4～5年均能发芽，有的经过火烧和牲畜胃、肠后仍能发芽。与小麦相比，株高为小麦的108%～136%。分蘖相当于小麦的2.3～4.3倍。单株叶片数、叶面积、根数量相当于小麦的2倍，形成对小麦的强烈竞争。小麦因野燕麦为害后，株高降低；分蘖数减少，穗粒数减少，千粒重降低，导致大幅度减产。在我国野燕麦发生严重的地区，小麦一般减产20%～30%，重者达40%～50%，更重者造成绝产。在小麦地，每平方米30～40株野燕麦的草害程度，每亩造成20～40千克损失，每平方米146株的严重草害情况下，导致损失高达每亩60千克。

2. 看麦娘形态特征是什么？生长危害情况如何？

答：形态特征：又名山高粱，禾本科看麦娘属，一年生。秆少数丛生，细瘦，光滑，节处常膝曲，高 15～40 厘米。第 1 片真叶带状，长 1.5 厘米，宽 0.5 厘米，先端锐尖，具直出平行脉 3 条，叶鞘亦具 3 条脉，叶舌膜质，3 深裂，无叶耳，叶及叶鞘均光滑无毛。随后出现的真叶与前者相似。叶鞘光滑，短于节间；叶舌膜质，长 2～5 毫米；叶片扁平，长 3～10 厘米，宽 2～6 毫米。圆锥花序圆柱状，灰绿色，长 2～7 厘米，宽 3～6 毫米；小穗椭圆形或卵状长圆形，长 2～3 毫米；颖膜质，基部互相连合，具 3 脉，脊上有细纤毛，侧脉下部有短毛；外稃膜质，先端钝，等大或稍长于颖，下部边缘互相连合，芒长 1.5～3.5 毫米，约于稃体下部 1/4 处伸出，隐藏或稍外露；花药橙黄色，长 0.5～0.8 毫米。颖果长约 1 毫米。花果期 4～8 月。

生长及危害：主要为害稻茬麦田，地势低洼的麦田受害严重。看麦娘繁殖力强，对小麦易造成较重的危害，还是黑尾叶蝉、白翅叶蝉、灰飞虱、稻蓟马、稻小潜叶蝇、麦田蜘蛛的寄主。

3. 茵草形态特征是什么？生长危害情况如何？

答：形态特征：又名水稗子，禾本科茵草属，一年生。疏丛型，秆直立，基部节微膝曲，高 45～80 厘米；光滑无毛。第 1 片真叶带状披针形，具 3 条直出平行脉，叶鞘略呈紫红色，亦有 3 脉，叶舌白色膜质，顶端 2 深裂。第 2 片真叶具 5 条直出平行脉，叶舌三角形，其他与前者相似。叶鞘较节间为长，叶舌透明膜质；叶片扁平，两面粗糙，长 6～15 厘米；穗状花序，有短柄。着生于茎顶，圆锥花序，长 10～25 厘米；小穗通常单生，压扁，近圆形，基都有节，脱落于颖之下，内外颖半圆形，泡状膨大，背面弯曲，稍革质，内外稃等长，膜质，有 2 脉，全株疏被微毛，具芒尖，长约 0.5 毫米；花期，6～9 月；果实长圆形，深黄色，顶端具残存花柱。

生长及危害：适生于水边及潮湿处，为稻茬麦和油菜田主要杂草，尤在地势低洼、土壤黏重的田块危害严重。是其他水湿群落常见的伴生种，又是水稻细菌性褐斑病及锈病的寄主。

4. 硬草形态特征是什么？生长危害情况如何？

答：形态特征：禾本科硬草属，一年生或越年生。秆簇生，高 5～15 厘米，自基部分枝，膝曲上升。子叶留土，第 1 片真叶带状披针形，先端锐尖，全缘，有 3 条直出平行脉，叶舌 2～3 齿裂，无叶耳，叶鞘也有 3 条脉，叶片与叶鞘均光滑无毛。第 2 片及以上真叶有极细的刺状齿，有 9 条直出平行脉。叶鞘平滑无毛，中部以下闭合；叶舌短，膜质，顶端尖；叶片线状披针形，无毛，上面粗糙。圆锥花序长约 5 厘米，紧密；分枝粗短；小穗含 3～5 小花，线状披针形，长达 10 毫米，第一颖长约为第二颖长之半，具 3～5 脉；外稃草质，具脊，顶端钝，具 7 脉。

生长及危害：多生长于丘陵、沟渠旁及田间。主要为害旱地小麦，在水量充足的田间无法造成大范围的危害。秋季播麦后日平均温度 16～18℃时 3～5 天，形成出草高峰，即小麦出苗后至一叶期；稻茬麦田出现在播后 20～25 天，次年 3 月份出现第二个出草高峰。

5. 棒头草形态特征是什么？生长危害情况如何？

答：形态特征：禾本科棒头草属，一年生。秆丛生，基部膝曲，大都光滑，高 10～75 厘米。第 1 片真叶带状，长 3.3 厘米，宽 0.5 毫米，先端急尖，有 3 条直出平行脉，有 1 片裂齿状的叶舌，无叶耳。第 2 片及以上叶片与叶鞘均光滑无毛，大都短于或下部者长于节间；叶舌膜质，长圆形，长 3～8 毫米，常 2 裂或顶端具不整齐的裂齿；叶片扁平，微粗糙或下面光滑，长 2.5～15 厘米，宽 3～4 毫米。圆锥花序穗状，长圆形或卵形，较疏松，具缺刻或有间断，分枝长可达 4 厘米；小穗长约 2.5 毫米（包括基盘），灰绿色或部分带紫色；颖长圆形，疏被短纤毛，先端 2 浅裂，芒从裂口处伸出，细直，微粗糙，长 1～3 毫米；外稃光滑，长约 1 毫米，先端具微齿，中脉延伸成长约 2 毫米而易脱落的芒；雄蕊 3，花药长 0.7 毫米。颖果椭圆形，1 面扁平，长约 1 毫米。花果期 4～9 月。

生长及危害：种子繁殖，以幼苗或种子越冬。10 月中旬至 12 月上中旬出苗，翌年 2 月下旬至 3 月下旬返青，同时越冬种子亦萌发出苗，4 月上旬出穗、开花，5 月下旬至 6 月上旬颖果成熟，盛夏全株枯死。种子受水泡沤，则有利于解除休眠，因而在稻茬麦田，棒头草的发生量远比大豆等旱茬地多。主要为害小麦、油菜、绿肥和蔬菜等作物

6. 早熟禾形态特征是什么？生长危害情况如何？

答：形态特征：又名稍草、小青草、小鸡草、冷草、绒球草等。禾本科早

熟禾属，一年生或冬性禾草。种子留土萌发。秆直立或倾斜，质软，高6～30厘米，全体平滑无毛。第1片真叶带状披针形，长1.5～2.2厘米，宽0.6毫米，先端锐尖，有3条直出平行脉，叶舌三角形膜质，无叶耳，叶鞘也有3条脉，叶片与叶鞘均光滑无毛。随后出现的真叶与前者相似，叶鞘稍压扁，中部以下闭合；叶舌长1～3毫米，圆头；叶片扁平或对折，长2～12厘米，宽1～4毫米，质地柔软，常有横脉纹，顶端急尖呈船形，边缘微粗糙。圆锥花序宽卵形，长3～7厘米，开展；分枝1～3枚着生各节，平滑；小穗卵形，含3～5小花，长3～6毫米，绿色；颖质薄，具宽膜质边缘，顶端钝，第一颖披针形，长1.5～2毫米，具1脉，第二颖长2～3毫米，具3脉；外稃卵圆形，顶端与边缘宽膜质，具明显的5脉，脊与边脉下部具柔毛，间脉近基部有柔毛，基盘无绵毛，第一外稃长3～4毫米；内稃与外稃近等长，两脊密生丝状毛；花药黄色，长0.6～0.8毫米。颖果纺锤形，长约2毫米。花期4～5月，果期6～7月。

生长及危害：生于路旁草地、田野水沟或荫蔽荒坡湿地，海拔100～4 800米都有分布，是世界广布性杂草。喜光，耐阴性也强，可耐50%～70%郁闭度，耐旱性较强。在－20℃低温下能顺利越冬，－9℃下仍保持绿色，抗热性较差，在气温达到25℃左右时，逐渐枯萎。对土壤要求不严，耐瘠薄，但不耐水湿。

7. 牛繁缕形态特征是什么？生长危害情况如何？

答：形态特征：石竹科鹅肠菜属草本植物。全株光滑，绿色，幼茎带紫色。仅花序上有白色短软毛。茎多分枝，柔弱，常伏生地面。子叶卵形。初生叶阔卵形，对生，叶柄有疏生长柔毛，后生叶与初生叶相似，长2～5.5厘米，宽1～3厘米，顶端渐尖，基部心形，全缘或波状，上部叶无柄，基部略包茎，下部叶有柄。花梗细长，花后下垂；苔片5，宿存，果期增大，外面有短柔毛；花瓣5，白色，2深裂几达基部。蒴果卵形，5瓣裂，每瓣端再2裂。花期4～5月，果期5～6月。

生长及危害：稻作地区的稻茬，夏熟作物田均有发生和危害，而尤以低洼田地发生严重，其危害的主要特点为作物生长前期，与作物争水、肥，争空间及阳光；在作物生长后期，迅速蔓生，并有碍作物的收割，尤其是机械收割。

8. 荠菜形态特征是什么？生长危害情况如何？

答：形态特征：又名护生草、稻根子草、地菜、小鸡草、地米菜、菱闸菜、花紫菜等。十字花科，荠属植物荠的通称，一年或二年生草本。子叶阔椭圆形或阔卵形，长 2.5 毫米，宽 1.5 毫米，先端圆，全缘，叶基渐窄，具短柄。下胚轴不发达，上胚轴不发育。初生叶两片，对生，单叶，阔卵形，先端钝圆，全缘，叶基楔形，叶片及叶柄有星状毛或与单毛混生。后生叶为互生，叶形变化很大，第 1 后生叶叶缘开始出现尖齿，继后长出的后生叶叶缘变化更大。幼苗除了子叶与下胚轴外，全株密被星状毛或星状毛与单毛。茎生叶羽状分裂，卷缩，质脆易碎，灰绿色或橘黄色；茎纤细直立，黄绿色，单一或从下部分枝，基生叶丛生呈莲座状，大头羽状分裂，长可达 12 厘米，宽可达 2.5 厘米，顶裂片卵形至长圆形，长 5～30 毫米，宽 2～20 毫米，侧裂片 3～8 对，长圆形至卵形，长 5～15 毫米，顶端渐尖，浅裂、或有不规则粗锯齿或近全缘。总状花序顶生及腋生，果期延长达 20 厘米；花梗长 3～8 毫米；萼片长圆形，长 1.5～2 毫米；花瓣白色，卵形，长 2～3 毫米，有短爪。短角果倒三角形或倒心状三角形，长 5～8 毫米，宽 4～7 毫米，扁平，无毛，顶端微凹，裂瓣具网脉；花柱长约 0.5 毫米；果梗长 5～15 毫米。种子 2 行，长椭圆形，长约 1 毫米，浅褐色。花果期 4～6 月。

生长及危害：荠菜属于耐寒性作物，喜冰凉的气候，在严冬也能忍受零下的低温。生长期短，叶片柔嫩，需要充足的水分，最适宜的土壤湿度为 30%～50%，对土壤要求不严格，一般在土质疏松、排水良好的土地中就可以种植，但以肥沃疏松的黏质土壤较好。土壤酸碱度以 pH6～6.7 为宜，需要充足的氮肥和日照，忌多湿雨天气。

9. 酸模叶蓼形态特征是什么？生长危害情况如何？

答：形态特征：又名大马蓼、旱苗蓼、斑蓼、柳叶蓼。蓼科蓼属一年生草本植物。高 30～200 厘米，茎直立，上部分枝，粉红色，节部膨大。子叶卵形，具短柄。上、下胚轴发达，淡红色。初生叶 1 片，背面密生白色绵毛，具柄，基部具膜质托叶鞘，鞘口平截而无缘毛。叶片宽披针形，大小变化很大，顶端渐尖或急尖，表面绿色，常有黑褐色新月形斑点，两面沿主脉及叶缘有伏生的粗硬毛；托叶鞘筒状，无毛，淡褐色。花序为数个花穗构成的圆锥花序；苞片膜质，边缘疏生短睫毛，花被粉红色或白色，4 深裂；雄蕊 6；花柱 2 裂，向外弯曲。瘦果卵形，扁平，两面微凹，黑褐色，光亮。花期6～8月，果期7～10月。

生长及危害：生于低湿地或水边。是春季一年生杂草，发芽适温15～20℃，出苗深度5厘米。主要危害小麦，还危害玉米、薯类、豆类、甜菜、水稻、油菜、棉花等。

10. 猪殃殃形态特征是什么？生长危害情况如何？

答：形态特征：茜草科拉拉藤属植物。多枝、蔓生或攀缘状草本，通常高30～90厘米；幼根呈橘黄色；茎有4棱角；棱上、叶缘、叶脉上均有倒生的小刺毛。子叶阔卵形，先端微凹。上胚轴四棱形，并有刺状毛。初生叶亦阔卵形，4片轮生。后生叶纸质或近膜质，6～8片轮生，稀为4～5片，带状倒披针形或长圆状倒披针形，长1～5.5厘米，宽1～7毫米，顶端有针状凸尖头，基部渐狭，两面常有紧贴的刺状毛，常萎软状，干时常卷缩，1脉，近无柄。聚伞花序腋生或顶生，少至多花，花小，4数，有纤细的花梗；花萼被钩毛，萼檐近截平；花冠黄绿色或白色，辐状，裂片长圆形，长不及1毫米，镊合状排列；子房被毛，花柱2裂至中部，柱头头状。果干燥，有1或2个近球状的分果爿，直径达5.5毫米，肿胀，密被钩毛，果柄直，长可达2.5厘米，较粗，每一爿有1颗平凸的种子。花期3～7月，果期4～11月。

生长及危害：生于海拔20～4 600米的山坡、旷野、沟边、河滩、田中、林缘、草地。危害局限于山坡地的麦类和油菜，对麦类作物的危害性要大于油菜。攀缘植物，不仅和作物争阳光、争空间，且可引起作物倒伏，造成更大的减产，并且影响作物的收割。

11. 杂草的发生特点是什么？

答：冬小麦田杂草在10月下旬到11月中旬有一个出苗高峰期，出苗数占总数的95%～98%，翌年3月下旬到4月中旬，还有少量杂草出苗。严重的草害通常来自冬前发生的杂草，密度大，单株生长量大，竞争力强，危害重，是防治的重点。冬前杂草处于幼苗期，植株小，组织幼嫩，对药剂敏感，是防治的有利时机。到翌年春天，耐药性相对增强，则用药效果相对较差。因此，麦田化学除草，应抓住冬前杂草的敏感期施药，可取得最佳除草效果，还能减少某些田间持效期过长的除草剂产生的药害。

12. 麦田杂草发生规律是什么?

答：杂草的共同特点是种子成熟后有 90% 左右能自然落地，耕地时播入土壤，在冬麦区有 4～5 个月的越夏休眠期，其间即便给以适当的温湿度也不萌发，到秋季播种小麦时，随着麦苗逐渐萌发出苗。野燕麦、猪殃殃、播娘蒿、大巢菜和荠菜等麦田杂草与环境的关系为：

种子萌发与温度的关系。猪殃殃和播娘蒿的发育起点温度为 3℃，最适温度 8～15℃，到 20℃ 发芽明显减少，25℃ 则不能发芽。野燕麦的发育起点温度为 8℃，15～20℃ 为最适温度，25℃ 发芽明显减少，40℃ 则不能发芽。

种子萌发与湿度的关系。土壤含水量 15%～30% 为发芽适宜湿度，低于 10% 则不利于发芽。麦类播种期的墒情或播种前后的降水量是决定杂草发生量的主要因素。

种子出苗与土壤覆盖深度的关系。杂草种子大小各异，顶土能力和出苗深度不同。猪殃殃在 1～5 厘米深处出苗最多，大巢菜在 3～7 厘米处出苗最多，8 厘米处出苗明显减少，野燕麦在 3～7 厘米处出苗最多，3～10 厘米能顺利出苗，超过 11 厘米出苗受抑制。播娘蒿种子较小，在 1～3 厘米内出苗最多，超过 5 厘米一般就不能出苗。

麦类播种期与杂草出苗的关系。杂草种子是随农田耕翻犁耙，在土壤疏松通气良好的条件下才能萌发出苗的。麦田杂草一般比小麦晚出苗 10～18 天。其中猪殃殃比麦类晚出苗 15 天，出苗高峰期在麦类播种后 20 天左右；播娘蒿比麦类晚出苗 9 天，出苗高峰期不明显，但与土壤表土墒情有关；大巢菜出苗期在麦播后 12 天左右，15～20 天为出苗盛期；荠菜在麦播后 11 天进入出苗盛期；野燕麦比麦类晚出苗 5～15 天。麦田杂草的发生量与麦类的播种期密切相关，一般情况下，麦类播种早，杂草发生量大，反之则少。

杂草出草规律。麦田杂草出草为害时间长，受冬季低温抑制，常年有两个出草高峰。第一个出草高峰在播种后 10～30 天，以禾本科杂草和猪殃殃、荠菜、野豌豆、繁缕、牛繁缕、婆婆纳等为主。第二个出草高峰在开春气温回升以后。早播，秋季雨水多、气温高，麦田冬前出草量大；春季雨量多，麦田春草发生量大；晚茬麦因冬前出草量少，春季出草量较冬前多；如遇秋冬干旱、春季雨较多的年份，早茬麦田冬前出草少，冬后常有大量春草萌发。因为麦田前茬作物不同，麦田杂草发生数量及草相明显不同，旱茬麦田草以阔叶杂草为主，常伴生棒头草、蜡烛草、早熟禾等禾本科杂草；稻茬麦田则以禾本科杂草为主，伴生猪殃殃、稻槎菜、荠菜等阔叶杂草。冬季麦田以禾本科杂草为害为主，春后麦田大巢菜、猪殃殃、荠菜等阔叶杂草生长旺盛，是主要为害期。在冬季气温低，寒流侵袭频繁的年份，麦田冬前萌发的杂草，越冬期常大量自然死亡。

13. 为什么要采用轮作倒茬防治麦田杂草？

答：不同的作物有着不同的伴生杂草或寄生杂草，这些杂草与作物的生存环境相同或相近，采取科学的轮作倒茬，改变种植作物则改变杂草生活的外部生态环境条件，可明显减轻杂草的危害。

14. 为什么要深翻整地防治麦田杂草？

答：通过深翻将前年散落于土表的杂草种子翻埋于土壤深层，使其不能萌发出苗，同时又可防除苦荬菜、刺儿菜、田旋花、芦苇、扁秆藨草等多年生杂草，切断其地下根茎或将根茎翻于表面曝晒使其死亡。

15. 土壤处理防治麦田杂草技术要点是什么？

答：土壤处理防治麦田杂草技术要点，一是要播种前施药，在野燕麦发生严重的地块，可在整地播种前亩用40％燕麦畏乳油175～200毫升，加水均匀喷施于地面，施药后须及时用圆片耙纵横浅耙地面，将药剂混入10厘米的土层内，之后播种。对看麦娘和早熟禾也有较好的控制作用。二是要播后苗前施药，采用化学除草剂进行土壤封闭，对播后苗前的麦田可起到较明显的效果。使用的药剂有：亩用25％绿麦隆可湿性粉剂200～400克，加水50千克，在小麦播后2天喷雾，进行地表处理，或亩用50％扑草净可湿性粉剂75～100克，或亩用50％杀草丹乳油和48％拉索乳油各100毫升，混合后加水喷雾地面，可有效防除禾本科杂草和一些阔叶杂草。

16. 为什么要清除麦田四周的杂草？

答：麦田四周的杂草是田间杂草的主要来源之一，通过风力、流水、人畜活动带入田间，或通过地下根茎向田间扩散，所以必须清除，防止扩散。

17. 化学防除防治麦田杂草方法是什么？

答：一般年前杂草处于幼苗期，植株小，组织幼嫩，对药剂敏感，而年后随着生长发育植株壮大，组织加强，表皮蜡质层加厚，耐药性相对增强。又由于绝大多数麦田杂草都在年前出苗，所以要改变以往麦田除草多是在春季杂草较大时施药的不良做法，抓住年前杂草小苗的敏感期施药，以取得最佳除草效果，并能减少某些残效期过长的除草剂在年后施药会对小麦或后茬作物产生药害的危险性。

（1）以看麦娘、日本看麦娘等禾本科杂草为主的麦田，可选用精恶唑禾草灵（骠马，6.9％水乳剂（EW），拜耳）80～100毫升；或炔草酯（麦极，15％可湿性粉剂（WP），先正达）20～30克；大能（炔草酸·唑啉草酯，50克/升乳油（EC）60～80毫升）；或啶磺草胺（优先，7.5％可溶性胶体制剂（GW），陶氏益农）13克；或异丙隆、高渗异丙隆（快达），有效成分75克以及上述单剂与苯磺隆等的复配剂，亩兑水40千克均匀喷雾。冬前在麦苗3叶期以前防除，冬后早春防治须适当加大用量。麦极、大能对多种禾本科杂草高效，对小麦安全，药效受低温干旱等环境影响小。野燕麦发生数量较大的麦田，可选用骠马、爱秀在麦苗越冬期防除。

（2）以硬草、茵草为主的麦田，可选用异丙隆、高渗异丙隆，亩用有效成分75克，用药时间为播后至麦苗三叶期；骠马90～110毫升、麦极30～40克、大能70～90毫升效果也较好，用药时间以冬前杂草齐苗后为好。对早熟禾、硬草发生量大田，可选用世玛（阔世玛：甲基碘磺隆钠盐＋甲基二磺隆），优先在小麦越冬期或早春防除，一般要求冬前气温较高时按规定用量和用药方法施药，在干旱、病害、田间积水、冻害等可能致小麦生长不良的条件下，易出现药害。

（3）以猪殃殃、荠菜等阔叶杂草为主的麦田，冬前或早春使用氯氟吡氧乙酸（使它隆，20％乳油（EC），陶氏）20～25毫升、使甲合剂（20％使它隆20～25毫升与20％二甲四氯150毫升混用），苯甲合剂（25％苯达松100～150毫升与20％二甲四氯150毫升混用）、36％奔腾（唑草·苯磺隆）冬前杂草剂苗后亩用5～7.5克，早春亩用7.5～10克防治；对以播娘蒿、麦家公、繁缕为主的麦田，冬前麦苗3叶期左右使用快灭灵（40％唑草酮，FMC）、36％奔腾、75％巨星（苯磺隆）防除。75％巨星干悬剂1克单用或0.5～1克巨星加20％二甲四氯水剂150毫升复配兑水60千克喷雾。双氟黄草胺·唑嘧磺草胺（58克/升麦喜），对猪殃殃、麦家公、大巢菜、泽漆等大多阔叶杂草茎叶处理效果好。巨星宜在杂草齐苗至3叶期用药，应用巨星的麦田，60天内不宜种植阔叶作物。以猪殃殃、大巢菜、繁缕、藜、蓼等杂草为主的麦田可在春季小麦拔节前，气温回升到 6～8℃以上时，亩用 48％百草敌乳油 10～12.5 毫升加 20％二甲四氯水剂 125 毫升兑水 50～60 千克喷雾；上述药剂也可在冬前麦苗进入 4 叶期后、寒潮前用药，或采用 20％使它隆乳油 20 毫升或 25％苯达松水剂 100 毫升加 20％2 甲 4 氯水剂 150 毫升兑水 50～60 千克喷雾。

（4）以禾本科与阔叶杂草混生田块，分二次进行，秋播前后防除禾本科杂草，初冬或早春再防除阔叶杂草，或将以上药剂混配混用。

18. 举例说明为什么生物防治麦田杂草是可行的？

答：利用尖翅小卷蛾防治扁秆簏草等已在实践中取得应用效果，今后应加强此种防治措施的发掘利用，尤其是对某些恶性杂草的防治将是一种经济而长效的措施。

19. 麦田使用除草剂应注意哪些问题？

答：麦田使用除草剂应注意以下几个问题：

（1）根据小麦田间杂草种类选用适宜的除草剂品种，任何一种除草剂都有一定的杀草谱，有防阔叶的，有防禾本科的，也有部分禾本科、阔叶兼防的。但一种除草剂不可能有效地防治田间所有杂草，所以除草剂选用不当，防治效果就不会很好，要弄清楚防除田块中有些什么杂草，要根据主要杂草种类选择除草剂。禾本科杂草使用异丙隆，对硬草、看麦娘、蜡烛草、早熟禾均有较好防效。同是麦田禾本科杂草苗后除草剂，骠马不能防除雀麦、早熟禾、节节麦、黑麦草等，而世玛防除以上几种杂草效果很好。麦喜、麦草畏、苯磺隆、噻磺隆、使它隆、快灭灵、苄嘧磺隆等防治阔叶杂草有效，而对禾本科杂草无效。

（2）选择最佳时期施药：土壤处理的除草剂，如乙草胺及其复配剂应在小麦播完后尽早施药，等杂草出苗后用药效果差；绿麦隆、异丙隆做土壤处理时也应播种后立即施药，墒情好，效果好。苗期茎叶处理以田间杂草基本出齐苗时为最佳，所以提倡改春季施药为冬前化除。冬前杂草苗小，处敏感阶段，耐药性差，成本低，效果好；一般冬前天高气爽，除草适期长，易操作；冬前可选用除草剂种类多，安全间隔期长，对下茬作物安全。春季化除可作为补治手段。小麦拔节后严禁使用百草敌，否则易引起株高变矮、麦穗畸形、粒数减少和不结实现象；麦苗 4 叶前使用百草敌会产生葱管叶等药害；使它隆和苯达松对麦苗安全性好，一般不会产生药害，但使用苯达松需待气温升高后使用，否则药效表现较慢。

第六章 2016—2019 年云南省农业厅农业主推技术

第一节 2016 年云南省农业主推技术

1. 旱地麦抢墒节水栽培技术

技术概述：云南小麦多为玉米、烤烟等旱地作物收获后种植的丘陵旱地小麦，为了解决生产中土壤瘠薄、中低产地多、基础设施落后、灌溉条件差、自然降水又时空分布不匀等特点，而采用的抢墒播种节水栽培技术，充分利用雨水及时抢墒播种确保全苗，从而实现小麦高产栽培。

增产增效情况：采用抢墒节水栽培技术，每亩平均增产小麦 70 千克，亩均收 150 元。

技术要点：一是选用抗旱、耐寒高产优质品种，主要有云麦 53、川麦 107、宜麦 1 号及区域性抗旱品种；二是大春作物收获后及时灭茬，及早犁耙，抢墒播种，以保全苗，播种时间 10 月上旬至 11 月上旬；三是重施底肥，耕前亩施纯氮（N）10～15 千克、磷（P_2O_5）8～10 千克、钾（K_2O）6 千克，播种时每亩施 8～10 千克尿素；四是适量播种，亩播量 8～10 千克，基本苗 18 万～22 万苗；五是一喷三防，在小麦穗期选用杀虫剂、杀菌剂、植物生长调节剂、微肥等混配剂喷施，一喷多防。

适宜区域：适宜云南旱地小麦种植区域。

使用注意事项：云南稻茬麦和早秋麦区栽培技术不同。

技术依托单位：云南省农业技术推广总站（昆明市新闻南路 25 号，650032，0871 - 64119322，ynsnjtgz@163.com）。

2. 稻茬免耕大麦优质高产栽培技术

技术概述：大麦是大理州及云南省发展高原特色生态农业，实施农业产业结构调整的优势作物，具有早熟、适应性广、抗旱耐寒、高产稳产、较能抗病虫的生物学特性和土壤生态优势，大理州大麦产业持续良性发展为调优调强高原特色生态农业产业结构，提高粮食综合生产能力，满足啤酒原料、优质饲料饲草和优质大麦白酒加工等需求，实现农民增产增收，企业提质增效，促进全年粮经饲协调发展作出了重要贡献。

2013年云南省大麦种植面积达365万亩，总产约77.52万吨，大理州2013年种植大麦75.76万亩，总产约18.62万吨，面积和总产均居云南省首位。大理州中高海拔（1 600～2 200米）高原粳稻区常年种植水稻面积约80万亩，稻茬大麦播种面积约25万～28万亩，近年来稻茬大麦翻犁整地开墒条播精耕细作的劳动密集型、劳动力投入型传统种植模式逐年显著下降，目前稻茬大麦80％以上均采用免耕栽培技术，少数采用浅旋耕轻简栽培种植方式，结合光温雨热气候资源以及啤酒大麦和饲料大麦产业等对优质大麦产品质量需求，大理州农业科学推广研究院粮作所提出了稻茬免耕大麦优质高产栽培技术，以提高土地的产出率、资源利用率，实现生产生态协调，增产增效并重。

增产增效情况：免耕大麦在大理州已种植应用多年，具有省工、节本、高效、节能等特点，试验示范生产实践结果表明免耕麦比翻耕麦亩增产8.3％，土地利用率达90％，比翻耕麦提高6.2％，节约生产用工4个左右，节约用工生产成本大约在320元。免耕大麦壮苗早发，成穗率高，有效穗多，产量高。

技术要点：

（1）选用良种，适期播种：选用产量高、品质好、抗病、抗倒伏、熟期适中的中早熟品种。大理州啤酒大麦可选用中、矮秆，抗倒性强、多蘖多穗品种S500、S-4、凤大麦6号、凤大麦7号；饲料大麦可选用植株粗壮、根系发达、强秆大穗品种V43、凤大麦5号、凤03-39。播种期宜在10月25日至11月15日。光温气候资源条件较差的北部鹤庆、剑川、洱源和西部寡日照的云龙、永平五县及其他海拔在2 000米以上的部分稻区，大小春两季积温矛盾较为突出，水稻收获后，尽早理墒播种；大理、祥云、弥渡、巍山等海拔在1 600～2 000米稻区，大麦、水稻两季积温有余，免耕大麦具有苗期优势，播种期不宜过早，应在11月上旬大麦最佳节令内播种。

（2）种子处理：针对近年来大理州大麦种植区域内后继优质高产抗病大麦

新品种示范扩繁慢，覆盖面小，大面积示范推广品种抗性降低，大麦条纹病、锈病、白粉病、黑穗病时有发生，条纹病渐趋加重，播前晒种 1～2 天，种子处理可用 15％的三唑酮或 50％的多菌灵可湿性粉剂以种子重量的千分之三湿拌种子，种湿即可，不宜多水，堆捂 3～4 小时，晾干即可播种。

（3）设计产量结构：啤酒大麦品种亩基本苗在 15 万～18 万苗，最高分蘖 80 万～100 万，有效穗 55 万～65 万，每穗实粒数 18～25 粒，千粒重 38～45 克；饲料大麦品种亩基本苗 18 万～20 万苗，最高分蘖 50 万～70 万，有效穗 32 万～36 万，每穗实粒数 35～45 粒，千粒重 36～42 克。

（4）开沟作墒，提高播种质量：墒沟比例要恰当，一般墒宽 2～2.5 米，沟宽 20 厘米，沟深 20 厘米，沟底平，田内沟田外沟配套，以利于排灌，地下水位高的稻田需要加开腰沟。机收或人工割稻时，尽量做到齐泥割稻，除低残留稻桩高度。前作水稻收获后，及时撒播种子，此时田间土壤潮湿、土壤水分足以满足种子出苗，播种后盖上优质有机厩肥，待沟泥干湿适度时碎土盖籽，沟泥盖籽深度掌握在 2～3 厘米，做到均匀播种，精细覆盖，消灭露籽。

（5）科学灌水：根据大麦生长发育不同阶段的需水规律，结合当地气候、田间土壤墒情、水分状况及时灌好拔节、孕穗抽穗和灌浆水。播种后天气持续干旱水分不足的田块及时灌出苗水保苗护苗。中后期灌水宜选择无风晴天，做到轻灌慢灌，灌饱灌透后迅速排水。中高秆品种植株高、重心上移，后期灌水注意防止发生倒伏。

（6）合理控制群体结构：采用"中群体、壮个体"的原则，确保免耕大麦生育期全程稳健生长。免耕大麦具有明显的苗期优势，表现为壮苗早发多穗，栽培管理不当后期易早衰，免耕麦根系分布浅，后期遇风雨等不良气候容易导致倒伏，中高秆品种更为明显。因此群体不宜过大，群体过大，容易导致中后期株间郁闭，通风透光条件差，个体发育不良，茎节细长、软弱，机械组织不发达，同时地上部分生长不健壮也会使根系发育受到影响。

（7）防治杂草，严防草荒：稻茬免耕大麦杂草基数大，萌发快、出苗早，极易发生草荒，做到精细覆土，以土压草，增强麦苗与杂草的竞争力；在大麦 1.5～2.0 叶期亩用 25％绿麦隆 250 克或 10％麦草一次净 8～10 克兑水 60～70 千克均匀喷雾。

（8）防治病虫害：在选用抗病品种和进行种子处理基础上，麦苗锈病、白粉病发病初期或早春开始出现夏孢子堆时，亩用三唑酮、粉锈清等内吸农药喷施发病中心；锈病或白粉病病叶率达 5％～10％时，喷施 40％粉锈清 150 毫升或 15％三唑酮 100 克。田间虫害主要是蚜虫，在蚜虫发生初期采用抗蚜威、吡虫啉等药剂进行防治，隔 10～15 天，连防 2～4 次。根据田间病虫动态，锈病、白粉病、蚜虫一齐喷雾防治，"一喷三防"。

（9）施肥技术：免耕大麦不能全层施肥，并具有前期供肥好易早发，中期群体易大、后期供肥能力差易早衰的特点。大麦施用有机肥具有保温保湿、改良土壤、肥效稳长及提供微量元素的作用。施肥原则应"促两头，控中间"，即"施足基种肥，适施拔节孕穗肥，控制分蘖肥"。亩施有机肥厩肥 2 000～3 000千克，尿素 25～35 千克，普钙 30～50 千克，硫酸钾 5～10 千克。海拔2 000米以上地区，应适当增施磷肥施用量。播前在稻茬田上将上述用量的全部磷钾肥及 80％的尿素作基种肥施入墒面，以厩肥盖籽，再盖以沟泥，充分满足大麦出苗至分蘖期的肥料养分需求。施好拔节孕穗肥，以利于提高成穗率和争大穗，增加粒重，防止后期易早衰，以 20％尿素在大麦第一节间定长后（一般在大麦 6.5 叶期）结合灌水施用，或在大麦孕穗抽穗期亩根外喷施 60 千克 2.0％尿素溶液 1～2 次。基肥不足，苗情长势较差的麦田可适当增施分蘖肥尿素 5～8 千克；正常免耕麦田不提倡施用分蘖肥，以利于控制群体和减少后期无效分蘖。

（10）适期收获，充分晾晒：掌握大麦最佳收获期，以利于提高大麦质量和酿造品质。在蜡熟末期至完熟期收获，籽粒外观品质好，色泽鲜亮，有清香味，蛋白质含量稍低，酿造品质佳。人工收获应在蜡熟末期（即 75％以上植株变成黄色，籽粒具有本品种正常大小和色泽），机械收获时应在完熟期（即所有植株茎叶变黄）进行。收获后尽快脱粒晾晒，避免受潮、霉变和粒色加深。

适宜区域：适宜大理 1 600～2 200 米中高海拔，前作为水稻的高原粳稻区推广应用。

注意事项：①免耕大麦田草害较重：免耕大麦在有利于麦苗生长同时，也为杂草的萌发和生长创造了条件，以化学除草方法为重点的栽培管理措施不当，易发生草荒、草灾，同麦苗争肥、争水、争光。②免耕大麦撒播不匀：免耕大麦栽培以撒播为主，撒播不匀容易导致漏籽、丛籽；沟泥和有机厩肥盖籽不匀，露籽多。③免耕易早衰：免耕麦根系 90％集中于 0～10 厘米浅土层，后期难以吸收到土壤深层中的养料和水分，容易发生早衰。④免耕大麦后期存在倒伏风险：免耕大麦根系分布浅，麦苗生长旺，分蘖发生快、发生早、发生多，往往造成群体过大，加之根系浅，容易发生根、茎倒伏，后期如遇风雨等不良天气，加大了发生倒伏的风险。

技术依托单位：大理州农业科学推广研究院粮食作物研究所（大理市凤仪镇，671005，李国强，13887210863，lgqdl777@163.com）。

3. 烟后大麦高产栽培集成技术

技术概念：结合云南经济产业烤烟，探索研究总结出"大麦—烤烟—大麦"种植模式。烟后种植大麦，一是能使烤烟早栽，烤烟早栽，病害减轻，光合物质积累多，烘烤质量提高，经济效益高。二是能充分利用烟后余留的土壤肥力，每亩可减少普钙、硫酸钾用量5～10千克、3～5千克，每亩节约生产成本19～30元。三是能减轻后作烟草茎黑病发生，可有效减少农药施用。"烤烟—大麦—烤烟"种植模式可有效促进"粮食、经济、饲料"三大作物协调发展，促进农民增产、增效。2009年保山市示范推广47万亩烟后啤饲大麦，获云南省农业厅科技推广二等奖。

增产增效情况：每亩增加产量30～40千克，增加产值60～80元，后作烤烟每亩增加产值60元左右。

技术要点：①播种前清除烟秆和地膜，晒种1～2天，每亩播种8～10千克。②适时播种，田麦10月中旬至11月上旬播种，地麦8月下旬至9月上旬抢雨水播种。③合理施肥，每亩施农家肥1 000～2 000千克，种肥亩施尿素15～20千克，普钙15～25千克，施硫酸钾3千克；追肥亩施尿素15～20千克作分蘖肥，打洞深施为佳，灌水撒施其次，未能灌水的田地要求打洞深施或抢雨前撒施。④有条件的地方灌出苗水、分蘖水、拔节水、抽穗扬花水、灌浆水3～5次。⑤防治病虫草害及鼠害。⑥及时进行田间管理和收获。

适宜区域：适宜云南烤烟主产区。

注意事项：注意播种时间，不能影响后作烤烟最佳移栽节令。

技术依托单位：保山市农业科学研究所（保山市隆阳区太保北路50号，678000，刘猛道，0875-2213421，bslmd0501@126.com）。

4. 轻简栽培集成技术

技术概述：随着市场经济不断发展，农村劳动力大量向城市进军，在农村务农的基本上都是老人、妇女及残疾人，劳动力的匮乏加上农业生产成本的上升，探索研究出少免耕栽培技术。该技术具有省工、节本、高效的特点，比翻耕麦壮苗早发，成穗率高，有效穗多，从而提高产量。

增产增效情况：亩产 400 千克左右，每亩节省工时 3 个，节约生产成本 180 元左右。

技术要点：①播种前晒种 1～2 天，用药剂处理种子。②盖种时要求土细，种肥尽量入土、减少露种、露肥，保证苗齐、苗壮、草少。③科学施肥，有机、无机肥结合，配方施肥，"前促、中补、后控"。底肥：多施腐熟农家肥，1 500～2 000 千克/亩；种肥：尿素 15～25 千克，普钙 30～40 千克，硫酸钾 6～10 千克；追肥：三叶期亩施尿素 15～25 千克作分蘖肥，打洞深施为佳，灌水撒施其次。长势不匀田块，拔节前后每亩追施尿素 5 千克作平衡肥。④有条件的地方灌出苗水、分蘖水、拔节水、抽穗杨花水、灌浆水 3～5 次。⑤防治病虫草害及鼠害。⑥及时进行田间管理和收获。

适宜区域：适宜两季矛盾突出的高肥力水田，前作水稻。

注意事项：整地、整墒时，要求沟深、土层厚、土细；播种后必须进行芽前除草，尽量减少杂草滋生，配合使用化学农药来达到防治病虫和除草效果，每亩用爱秀 50 克/升唑啉草酯乳油 60～80 毫升加 10% 苯磺隆 20 克混合兑水喷雾进行化学除草。

技术依托单位：保山市农业科学研究所（保山市隆阳区太保北路 50 号，678000，刘猛道，0875 - 2213421，bslmd0501@126.com）。

第二节　2017 年云南省农业主推技术

1. 早秋麦避旱栽培技术

技术概述：麦类（大麦、小麦）是云南省的第三大粮食作物，也是冬季第一大粮食作物，生产面积曾经达到 74 万公顷。但云南基础设施差，抗御自然灾害能力低，云南冬春干旱少雨，在生育期中常遇到低温冷害（倒春寒）、高温、烂场雨的发生，特别近年来云南持续干旱，大春玉米、烤烟等作物无法实施栽种，小春常绝收，造成云南省粮经损失的尴尬局面。但麦类主要播种于山区、半山区等经济欠发达地区，该区域以烤烟、养殖为主要经济来源。随着近年退耕还林导致耕地减少和烤烟占用有限土地，山区半山区地区农民口粮和家禽畜饲料得不到保障。为此，云南省农科院粮作所麦类课题积极探索，根据云南省麦类多为 10 月下旬左右播种，造成后期干旱、出苗差、生长势弱、产量低的不利特点，在海拔 1 500 米以下种植早秋麦。由于种植较早，成熟期早，利用了云南两季结束前后、晚秋尚好的雨、热条件，又避开了 2—4 月的严重干旱与高温时期,能有效利用秋冬丰富的雨热资源,避过或减轻常规小麦面临的干旱、霜冻和高温逼熟等不利因素,确保全苗,促进麦类生长关键时期的营养积累,易获得较高产量,该技术成功避过麦类生长期的不利自然灾害。早秋麦近几年在南部几个州市发展较快,已经发展到 10 万亩,每亩能比正季麦增产 50 千克,增加了土地的覆种指数,保障了农民口粮,促进养殖业的发展,为农民增加了收入,促进种植业结构调整,巩固和发展了高产优质高效农业。

增产增效情况:2010 年,砚山县平远、阿舍乡镇示范种植 5 300 亩云麦47。随机选择好、中、差多点进行测产,平均单产达 214.3 千克,成功避过当年的冬春严重干旱;2015 年临翔区平均亩产 349.6 千克/亩,示范区最高亩产 469.3 千克/亩,最低亩产 275.4 千克/亩,平均亩产 369.9 千克/亩;宁洱县德安乡石中村实施烟后玉米套种小麦栽培技术模式示范 200 亩,玉米品种为五谷 1790,小麦品种为云麦 53。玉米实收测产 8 户 22.8 亩,平均单产 213.5 千克/亩,小麦实收测产 14 户 33.36 亩,平均单产 287.0 千克/亩,复合单产500.5 千克/亩,总产 10.01 万千克。与宁洱县 2014—2015 年度小麦万亩高产创建核心示范样板平均单产 354.8 千克/亩相比,亩增产 145.7 千克,增41.07%,增产粮食 2.914 万千克,按玉米、小麦平均单价 2.6 元/千克计,亩增收 378.8 元,增收 7.576 4 万元;砚山县进行早秋麦避雨栽培试验示范:在平远镇洪福村民委秃水寨下塘村小组完成栽培示范 217 亩,涉及 26 户,品种:云麦 53、云麦 56,9 月 4 日大面积播种。经田间实地测产,示范区实测面积207.7 平方米,品种为云麦 53、云麦 56,实收 45.92 千克,扣除 20%水杂后,折合单产 117.9 千克。由此计算,示范区产粮 2.56 万千克。示范区的地块不影响早辣椒的种植;保山蒲缥镇:示范早秋大麦 110 亩,随机挑选具有代表性的 15 亩 5 户进行理论测产,平均亩产达 454.80 千克/亩,比目标产量 300 千克/亩,亩增产 154.80 千克,增 51.6%,亩增产值 387.00 元,110 亩共增产值 4.26 万元。

技术要点:

(1) 群体动态和产量结构的指标。亩基本苗 20 万~24 万,分蘖数达50 万~60 万,成熟期亩成穗 25 万~30 万。多穗型品种亩成穗数 28 万~30万,穗粒数 30 粒左右,千粒重 35 克以上;中大穗型品种亩成穗数 25 万~28万,穗粒数 35 粒以上,千粒重 40 克以上。

(2) 规范化播种技术。①品种选择:选择已经通过审定的适于早秋播种的早熟、高抗春性品种。适宜品种有云麦 47、云麦 53、云麦 56、云麦 57、云麦

71、云大麦1号、云大麦2号、云大麦10号、云大麦12号等；②种子质量：种子质量应符合GB4404.1二级以上规定指标。种子纯度≥99.0%，净度≥98.0%，发芽率≥85%，水分≤13.0%；③种子处理：播种时通过拌种，能给种子披上"化学盔甲"，病虫害难以缠身。粉锈宁拌种用50克粉锈宁拌种25千克，拌匀后即可播种。可有效地防治小麦锈病、黑穗病、白粉病等。多菌灵拌种用70%多菌灵可湿性粉剂100克加水5升。拌麦种50千克，可防治小麦白粉病和黑粉病等。辛硫磷拌种用50%辛硫磷50克拌麦种20千克，可防治蛴螬、蝼蛄等害虫。病、虫混发地块用以上杀菌剂＋杀虫剂混合拌种；④播种：早秋麦生长的前期和中期，温度较高，土壤水分比较充足，生长发育快，而分蘖成穗低，因此要适当加大播种量，保证足够的基本苗数，依靠主茎成穗获高产，一般每亩播种量13~15千克，保证基本苗20万~24万苗。播期应抓住雨季尚未结束，土壤潮湿，墒情好的有利时机播种，播种时间以8月下旬至9月上旬为宜，在适期内争取早播。采用行播，播量要精确，播深3~5厘米，行距15厘米，播后要覆土，做到下籽要均匀，不重不漏，行距一致，深浅一致，地头地边播种整齐；⑤整地要求：坚持早、深、细、透、实、平、净、足的原则。大春作物收获后及时灭茬，除尽杂草；及早犁耙，犁地深度25~33厘米，不漏耕漏耙，土壤上松下实，耙要耙深耙细，无明、暗坷垃，以达到保墒、灭草、减少肥水消耗和增加养分的目的。秋末，温度较高，地下害虫仍然活动猖獗，因此，每亩可用40%辛硫磷乳油，拌细土25千克制成毒土，犁地前均匀撒施地面，随犁地翻入土中。

（3）施肥。①重施底肥：采用"一炮轰"，除去前茬和杂草后深耕前，在地里施入腐熟农家肥1 500千克/亩，每亩施尿素10~15千克，过磷酸钙30~50千克，磷酸二氢钾20千克撒施到地里；②施用种肥：除施足基肥外，施用种肥尤为重要，播种时每亩施8~10千克尿素于播种沟内；③根据降水情况追肥：出苗后，根据降水以及田间麦苗长势，可在降雨后亩撒施纯尿素10~15千克，促进苗旺而壮，提高有效穗；④根外喷肥：开花以后，为了及时满足植物对养分的需要，延长叶片的功能期，促进灌浆，增加粒重，需及时进行根外喷肥。根外喷肥肥料利用率高达80%~90%，而且植物吸收快，是经济用肥的有效措施。

（4）田间管理技术。①查苗补苗：出苗后及时查苗补种，疏密补稀。缺苗在15厘米以上的地块要及时催芽开沟补种同品种的种子，墒情差时在沟内先浇水再补种；也可采用在苗稀少的地方及时补苗，采用疏密补稀的方法，移栽带 1～2 个分蘖的麦苗，覆土深度要掌握上不压心，下不露白，并压实土壤，适量浇水，保证成活；②中耕除草和化学除草：每亩用 75％巨星 1 克兑水 30～40 升防治阔叶杂草或 6.9％骠马 50 克防治禾本科杂草。中耕除草时在晴天尽量不要松土，减少水分的蒸发；根据天气预报，如果有降水，则及时深松土壤，蓄水促根。

（5）病虫害防治。①一喷多防：麦苗后期若同时发生锈病、白粉病和蚜虫为害时，可选用粉锈宁、磷酸二氢钾等药剂混合喷施；②条锈病防治：早查早治，重点要抓好点片发生期（即查出田间中心病株或中心病团），春季拔节期及孕穗期这三个关键时期防治 3～4 次，封锁病团（发病中心），防止病害蔓延。每亩可用 15％三唑酮可湿性粉剂 100 克，或 12.5％烯唑醇可湿性粉剂 40～60 克，或 25％丙环唑乳油 30～35 克，或 30％戊唑醇悬浮剂 10～15 毫升、志信星 25～32 克，兑水 50 千克喷洒，7～10 天喷药一次；③蚜虫防治：挑治苗蚜、主治穗蚜。在适期冬灌和早春划锄镇压，减少冬春季麦蚜的繁殖基数；培育种类繁多的天敌；采用黄色黏稠物诱捕雌性蚜虫，可每亩用 10％的吡虫林喷施。

（6）实时收获。当叶片、穗及穗下间呈金黄色，穗下第一节呈微绿色，籽粒腹沟变黄，极少部分呈绿色，内部呈蜡质状态，蜡熟末期含水量 25％左右时及时抢收。做到单收、单贮，严防机械混杂和混收混放。收获后及时晾晒。采用干燥、趁热密闭贮藏方法和"三低（低温、低氧、低氧化铝剂量）"的综合技术贮藏。入仓小麦籽粒含水量≤13％。

适宜区域：适宜云南省海拔 1 400 米以下地区应用。

注意事项：由于播种期温度较高，地下害虫较重，播种前注意地下害虫的防治；早秋麦生长较快，分蘖少，播种时加大播种量；早秋麦成熟较早，鼠、鸟害较重，注意防鼠、防鸟。

技术依托单位：云南省农业科学院粮食作物研究所（昆明市北京路 2238 号，650200，于亚雄，0871－65892504，yyx582@163.com）。

2. 小麦全程机械规范化种植技术

技术概况：小麦是文山壮族苗族自治州（以下简称文山州）种植的第三大主粮作物，常年播种面积 80 万亩左右，在全年粮食生产中起到"打基础"的作用。但是，由于种植技术、管理水平、收获方式相对落后，小麦生产长期处于"广种薄收"的局面，小麦平均单产在 100 千克左右徘徊。种植成本高、种植效益低，一直是困扰文山州小麦生产实现"突破性"发展的一大难题。为此，文山州农业技术推广中心结合文山州小麦生产实际，积极开展小麦农业机械规范化种植技术示范，实现农机与农艺结合，减少劳动力投入、降低生产成本，提高了小麦产量。2015年首次在砚山县平远镇举办500亩小麦机械规范化播种示范，带动1万亩，平均单产271.4千克，亩产值814.2元，增产增效明显。通过近两年农业科技工作者大力推广，全州2015年、2016年两年小麦机械规范化播种、机收达10万亩以上。

增产增效情况：2016年小麦全程机械规范化种植核心示范片1 000亩，田间实割验收，平均单产264.1千克。节本增效主要体现在种植和收获两大环节。实行大型机械机耕机播机收亩均投入仅需160元（机械翻犁耙细55元、旋耕播种施肥55元，收获投入50元）；而传统种植模式投入需590元（人工小旋耕机翻犁耙细需投入人工一名＋小旋耕机一台，播种需人工3人＋旋耕机一台，收割晾晒打麦每亩需3人，以人工费80元/天，旋耕机燃油磨损等30元计，即人工播种、收割、旋耕机燃油等亩需投入7个工×80元/天＋旋耕机燃油磨损等30元合计590元），亩节本增效430元。

技术要点：

（1）机械深耕整地。在9月下旬至10月初前作收获后，及时组织大型拖拉机拖挂四犁深耕设备进行深耕一道（25厘米以上），换装旋耕机械进行旋耕耙细，做到土地平整、土壤细碎无前作秸秆残留。

（2）品种选择和种子处理。选用通过审定的高产、优质、耐旱、抗病（尤其是抗叶秆锈和白粉病较强）的云麦53、文麦14等品种。播前晒种1～2天，亩用15%的粉锈宁20克拌种10千克后播种防治小麦锈病。

（3）适时机械化精量规范播种。在前作收获后及时组织大型拖拉机（80马力以上）拖挂深耕犁铧进行深耕（25厘米以上），10月中下旬充分利用晚秋最后一次透地雨及时组织大型拖拉机拖挂旋耕播种机进行机械化播种施肥，播种深度5厘米，播种带与施肥带间隔5厘米，每次播幅2米，每个播幅播种9沟，亩用种10千克，亩施小麦专用肥一包，沟距20厘米，播种密度控制在每尺播带下种35粒左右，确保一次出苗整齐，每亩基本苗22万苗以上。

（4）重施底肥、早施追肥。前作收获后在深耕整地前亩用腐熟农家肥1 000千克混匀撒施于地块，结合大型机械深耕翻犁整地将农家肥翻入地块作底肥；在11月初2叶1心期每亩追施10～15千克尿素作分蘖肥；12月中下旬拔节期视苗情适量追施拔节孕穗肥，每亩追施尿素15～20千克。

（5）病虫草害防治。草害主要采取播种后 1～3 天内亩用 50％丁草胺 200 毫升或乙草胺 100 克或麦草一次净 10 克兑水 50～60 千克喷雾防除杂草。病害主要防控锈病和白粉病：亩用 25％科惠乳油 30 毫升/亩或 15％粉锈宁可湿性粉剂 100 克/亩兑水 40～50 千克喷雾防治；虫害主要防控蚜虫。

（6）适时收获。在 4 月上中旬小麦进入蜡熟末期，全株转黄，茎秆仍有弹性，籽粒黄色稍硬，含水量 20％～25％时选择晴好天气及时组织小麦收割机进行机械收获，保证丰产丰收。

适宜区域：适宜机械化操作的坝区、半山区雨养旱作区。

注意事项：①机械调整：水平位置调整是为了确保播种机机播种时左右前后深浅一致；播种深度调整以不超 5 厘米为宜；播种量调整为每亩 10 千克；②做到"三适"播种：适合播种时期为 10 月 25 日至 11 月 10 日，适宜播种量，适合的土壤墒情土壤含水量 70％～80％；③选择合适机型，提高播种质量，选择旋耕与播种为一体的合适机型。

技术依托单位：文山州农业技术推广中心（文山市秀峰路 6 号，663000，卢春玲，0876-2192223）。

3. 冬青稞高产高效栽培技术模式

技术概述：冬青稞主产区普遍为一年两熟制，该区域主要作物有水稻、小麦、玉米、青稞、油菜、烟草、蚕豆等，轮作方式以小麦—水稻、小麦—玉米、小麦—烟草或青稞—水稻、青稞—玉米、青稞—烟草为主。青稞品种多属弱冬性，生育期 170～190 天。一般 10 月中旬播种，5 月上中旬收获。制约该区域青稞生产的主要因素：一是降水不能满足青稞生长需要；二是冬春季干旱，影响冬春季正常生长；三是病虫害较多，全区条锈病、白粉病为害较重，间有黑穗病发生，虫害则以蚜虫为主；四是倒伏和后期高温逼熟等为害。通过运用该项技术可有效解决上述存在问题，并在冬青稞生产区域取得良好成效。该项技术成熟、先进、适用，推广应用前景广。

增产增效情况：通过推广该技术，冬青稞平均亩产达 350 千克，按价格 3.20 元/千克计算，亩产值 1 120 元；按亩均成本投入 550 元计算，亩均纯收益 570 元。

技术要点：高产抗倒、中早熟品种＋深松深耕＋旋耕整地＋机械条播＋化学除草＋科学灌溉＋施拔节肥＋病虫害综防＋机械收获。①品种选择：选用高产、抗逆、稳产、广适、耐肥抗倒的半冬性青稞品种；②深松深耕：前茬作物收获后，深耕灭茬，熟化土壤，增加活土层，深松 30 厘米以上或深耕犁，深耕 25 厘米以上。深松或深耕后及时合墒，机械整平。③耕作整地：旋耕前施底肥，依据产量目标、土壤肥力等，亩施农家肥 2 000～3 000 千克，复合肥 35～45 千克，硫酸锌 2～5 千克，旋耕整地，整地前，用旋耕机旋耕两遍，深度 15～20 厘米，整地要达到田平、土细、沟直；④机械条播：最适期内机械最适墒条播，播种时日均温 12～18℃。按亩基本苗 14 万～20 万苗确定播量，亩播 8～10 千克、播深 3～6 厘米；⑤科学灌溉：气温下降至 2～5℃，夜冻昼消时灌水，保苗安全越冬，要浅水慢灌，抽穗至灌浆期若降水量少，则进行一次浸灌，结合浸灌亩施分蘖肥 10 千克。重施拔节肥，拔节期结合浇水亩施复合肥 10 千克；⑥机械喷防：适时机械化学除草，重点防治条锈病、纹枯病、白粉病、蚜虫、黏虫、麦蜘蛛等病虫害；⑦一喷三防：选用适宜杀虫剂、杀菌剂和磷酸二氢钾，各计各量，现配现用，机械喷防，防病、防虫、防逼熟；⑧适时收获：籽粒蜡熟末期采用收割机及时收获。

适宜区域：适宜海拔 2 200 米以下的一年两熟制的冬青稞生产区域。

注意事项：科学灌水，灌水时需要做到速灌速排；注重增强根系活力，确保后期不早衰，不倒伏。

技术依托单位：迪庆州农业技术推广中心（香格里拉市建塘镇长征大道路 62 号，674499，李德元，0887 - 8227278，ylh9096@163.com）。

4. 大麦抗旱减灾集成技术

技术概述：在冬春持续干旱的情况下，保证大麦作物的生产安全，必须进行耕作制度改革，改变常规的生产方式。通过多年探索研究得出结论，大麦早播有利于抗旱减灾。在海拔 1 500 米以下次热区，前作收获较早，田地空闲，选用早熟春性品种，于 8 月下旬至 9 月中旬提前播种，比传统播种提早 30～40 天，此时还是雨季，降雨充沛，土壤水分足，播种后 5 天左右就出苗，达到苗早、苗足、苗齐、苗匀，为后期高产打下坚实基础，同时利用前期雨水重施底肥、早施追肥，有利发挥肥效，前期早生快发，促进后期高产，缩短生育期 20～30 天，到 2 月底 3 月初，气温开始回升，蒸发量增大时，大麦已经成熟待收获。海拔 1 500 米以上的温凉区及冷凉区，前作收获迟，可适当推迟至 9 月下旬播种，比传统播种提早 20 天左右，也可获取高产。

增产增效情况：每亩增加大麦产量 40～60 千克，增加产值 80～120 元。

技术要点：①选用分蘖力强、抗旱、抗寒、抗病、耐瘠的多棱大穗型早熟春性品种，如保大麦 8 号、保大麦 12 号、保大麦 13 号、保大麦 14 号。播种前晒种 1～2 天，药剂处理种子防控条纹病等；②提早播种，海拔 1 500 米以下次热区，前作收获较早，田地空闲，于 8 月下旬至 9 月中旬提前播种，海拔 1 500 米以上温凉区及冷凉区可适当推迟至 9 月下旬播种；③精量播种，由于 8—9 月份雨水充足，湿度大，温度高，大麦前期生长旺盛，易发生倒伏，应适当减少播量 1～2 千克，亩播种量 8～9 千克为宜，如分蘖盛期长势过头，欲发生倒伏或已倒伏，可用锋利镰刀割尖处理，避免倒伏造成减产；④科学配方施肥，按照"前促、中补、后控"施氮原则，重施基肥和分蘖肥，拔节期补施少量氮肥作平衡肥，后期抽穗后控制不施穗肥。播种前，有条件尽量多施农家肥，施尿素 20～25 千克/亩，普钙 25～30 千克/亩，硫酸钾 5～8 千克/亩做基肥，播种前混合撒施。大麦分蘖期，抢雨水追施尿素 15～20 千克作分蘖肥，拔节期选择苗弱处打洞补施尿素 3～5 千克/亩；⑤叶面喷肥，据旱情和麦苗长势选择苗期、抽穗扬花期、灌浆期叶面单独喷施或混合喷施 0.3% 磷酸二氢钾、1% 尿素 2～3 次；⑥及时科学防治病虫草鼠害，大麦生长期间危害较重的是白粉病和蚜虫，抽穗前大麦白粉病和蚜虫发生时，可选用戊唑醇或己唑醇粉剂和亮蚜乳油（二甲基二硫醚）等杀虫剂混合防治病虫害一次，齐穗后，视蚜虫发生情况防虫 1～2 次。由于播种早、成熟早，容易发生鼠害，因此要在抽穗期、灌浆期、成熟期投防毒饵诱杀 1～3 次；⑦适时收获，大麦至蜡熟期末期麦粒有机物质不再增加，干物质积累已达最大值，即可收获，采用机械收获，适期收获的大麦产量高、品质好。

适宜区域：适宜云南保山、临沧、大理、德宏、曲靖、楚雄等州市的山区半山区。

注意事项：选用早熟春性品种，提早播种，尽量于 9 月中、下旬抢雨水播种，确保苗全、苗齐、苗匀、苗壮；提早追肥，氮肥用作基肥重施，分蘖肥抢雨水施下。

技术依托单位：保山市农业科学研究所（保山市隆阳区太保北路 50 号，678000，刘猛道，0875－2213421，bslmd0501@126.com）。

第三节　2018 年云南省农业主推技术

高海拔地区冬闲地饲料燕麦栽培管理技术

技术概述：青贮玉米、饲料燕麦、紫花苜蓿是北方粮改饲的主要品种。针对丽江高海拔地区冬春耕地闲置时间长、光热水土资源浪费大、适宜冬闲地饲草栽培品种少、冬春季节青绿饲草不足、优质饲草数量严重短缺、草食畜冬春死亡现象突出等问题，2016 年开展了"丽江市高海拔地区饲料燕麦新品种引进及高产栽培技术示范推广"研究工作，采取轮作方式在海拔 2 200 米冬闲地上外引 10 个和 1 个本地饲料燕麦品种进行对比试验，筛选出了适宜海拔 2 200 米区域冬闲地种植品种 7 个，探索总结出了高海拔地区冬闲地饲料燕麦栽培关键技术要点；同时，在传统一年一熟的基础上新增种植一季优质牧草，能延长冬春裸地绿色覆盖，改善冬春恶劣空气环境。

增产增效情况：通过冬闲地试种，亩产干草量 1 吨以上有 7 个品种，其中：亩产干草最高 1.72 吨，本地品种最低，仅为 0.99 吨。按目前北草南运到丽江市场每吨饲料燕麦干草 2 600～2 800 元计，种植饲料燕麦的冬闲地新增收益 4 472～4 816 元/亩，分别较种植本地品种每亩增收 1 898～2 044 元；同时，养殖场每吨饲草还可节约 600～800 元运输费。

技术要点：

（1）地块选择：选择地势平坦、土层深厚、灌排水良好且必须具有灌溉条件的前茬为玉米、马铃薯、豆类等农作物的地块。

（2）整地施肥：翻耕前在地表施入农家肥 1.5～2 吨/亩、复合肥 50 千克/亩后进行深耕，深度为 25 厘米。前作收获后为保蓄水分，可不先灭茬而直接进行深耕，并随即耙糖保墒，地表整平，土块细碎。

（3）播种：燕麦播种量要求达到以籽保苗，以苗保蘖，提高分蘖成穗率，增加单位面积穗数，一般建议用种量为 12～15 千克/亩；采用条播，行距 15～20 厘米，覆土深度 3～5 厘米；采用撒播后用旋耕机将种子浅旋入土覆盖。播种时间 10 月中下旬至 11 月上旬为宜，海拔越高越要早播。

（4）镇压：播后镇压防止冬春土地悬虚易"吊根死苗"现象，同时利于土壤毛细管将下层水分提升到耕作层。

（5）田间管理：①追肥。燕麦对氮肥反应敏感，施氮肥可以显著增产，施磷肥可以形成壮苗，施钾肥可以增强植株抗倒伏能力。播种时，无机肥作种肥主要有磷酸二铵、氮磷二元复合肥、尿素、碳酸氢铵和过磷酸钙等，亩施尿素或复合肥 5 千克。在燕麦分蘖期、拔节期需要水肥的关键期，结合灌水及时追施尿素 15 千克/亩，以保证燕麦获得优质高产。抽穗前尽早亩用磷酸二氢钾 200 克，兑水 1 000 倍，选择晴天的下午或者阴天追施一次叶面肥，起到补磷补钾的双层作用。②灌溉。燕麦是一种既喜湿又怕涝的作物。播种至苗期一定要视土壤墒情浇水，墒情不好时应及时浇水，每次的浇水量应浇足浇透，但不能出现积水，防止种子因涝坏死或小苗淹死；在植株 3～4 片叶时进入分蘖期，此时宜早浇水且要小水饱浇；拔节期要在燕麦植株的第二节开始生长时再浇，且要浅浇轻浇。否则会导致燕麦植株的第一节生长过快，细胞组织不紧凑，韧度减弱，易倒伏；孕穗期在顶心叶时期浅浇轻浇，防止造成严重倒伏。

（6）病虫害防治：①红叶病。一般通过蚜虫传播，幼苗染病后，病叶叶尖或叶缘开始呈现紫红色，然后沿叶脉向下部发展，逐渐扩展成红绿相间的条斑或斑纹，病叶变厚变硬，后期呈橘红色，叶鞘呈紫红色，病株有不同程度的矮化、早熟、枯死现象。发现中心病株，应及时用啶虫脒乳油 4 000～5 000 倍液喷雾或喷洒其他灭蚜药剂灭蚜。②锈病。一般在燕麦开花时发生，在燕麦叶片正反面都有，叶鞘、茎秆、穗部也有危害。播种前清除田间杂草寄主，实行轮作，一旦发病，要及时用 25％三唑酮可湿性粉剂或其他药剂兑水喷雾。

（7）收获：青贮利用在抽穗期至盛花期刈割，调制青干草在开花期至乳熟期刈割。

适宜区域：适宜海拔 1 500～2 200 米地区冬闲地种植。

注意事项：①种植地块必须有灌、排水条件，洼地积水要及时排涝；②严格按照推荐的防治对象、药剂品种、剂量，用足药量；③收获期一般在 5 月底至 6 月初，其籽粒及绿叶成为鸟类最爱，重者颗粒无收，必须严防鸟害，保证草品质量。

技术依托单位：丽江市宁蒗县草山饲料工作站（宁蒗县大兴镇万格路 1326 号，674301，赵庭辉，13988823790，zhth1209@yeah. net）。

第四节　2019 年云南省农业主推技术

1. 早秋麦避旱绿色高产栽培技术

技术概述：

（1）技术基本情况。云南麦类面积居于西南麦区第二位，麦类生产最大的特点就是旱地麦面积较大，约占全省麦类总面积的 70％都种植在灌溉条件较差的旱地上，基本属于雨养产业，但云南冬春干旱少雨，麦熟时又常伴随高温的发生，严重制约云南麦类的发展。为解决云南麦类生产面临的困境，云南省农科院和云南省农技推广总站等相关农业科研单位，积极探索应对麦类生长不利因素的栽培模式，经过多年研究试验成功了早秋麦避旱绿色高产栽培技术。本技术主要是利用早秋雨水、初冬热量及光照充足的自然资源，避过三、四月份严重干旱和高温，促进麦类生长关键时期的营养积累，获得高产高效的技术措施。

（2）推广应用情况。在云南省年播种面积100万亩以上。

（3）提质增效情况。①增产增效。早秋麦栽培技术应用已连续多年多点获得高产。2010年遇特旱重灾，文山砚山县有5万亩未能栽种的稻田和因旱撤棚的西瓜地闲置，在改种秋玉米已晚的情况下种植早秋麦5 300亩，比大面积种植的正季麦长势偏好，平均亩产214.3千克，弥补特大干旱损失；2017年保山市隆阳区示范早秋麦108亩，经验收平均亩产383.69千克，创云南省早秋麦百亩平均亩产最高产纪录，较常规播种每公顷增产40～80千克，亩增产值80～160元（云南日报2017年3月15日报道），经实收的一块田折合产量达513.49千克，创下云南省早秋麦最高单产纪录。2018年在临沧市临翔区示范早秋小麦112亩，经省级专家组对2.32亩实收，亩产503.2千克，创早秋麦小麦的最高单产。②提高复种指数。早秋麦于早秋8月末9月中播种，于次年2月底成熟，较正季麦类提早2～3个月，收获后可种一茬蔬菜，再栽种烤烟等大春作物。③节约灌水成本。正季麦生育期中多次灌水，早秋麦在生育期中依靠自然降水，减少灌水成本和人工成本。④保护环境。冬季经济林、果林套种早秋麦，不需要施用防病虫草害农药，保护农业生态环境。

技术要点：①品种选择。选择春性早熟抗病品种，适宜品种有云麦53、云麦56、云麦57、云麦68、临麦6号、临麦15；保大麦8号、云大麦8号、云大麦10号、云大麦14号等。②种子处理。播前要精选种子，在太阳下暴晒1～2天，并用粉锈宁、多菌灵、辛硫磷拌种，防控病虫害。③整地和土壤处理。大春收获后及时灭茬，随耕随耙，多蓄秋雨。每亩用40%辛硫磷乳油或40%甲基异柳磷乳油0.3千克，加水1～2千克，拌细土25千克制成毒土，耕地前均匀撒施于地面，随犁地翻入土中。④重施底肥。在整地前每亩撒腐熟的农家肥1 500～2 000千克的同时，一般每亩用尿素15千克，普钙25～30千克，硫酸钾10千克。⑤适期播种。上茬收获较早的蔬菜、烤烟、早玉米地，一般8月下旬至9月中旬播种；海拔1 900～2 700米的一季地、二荒地，在7月中、下旬播种。⑥增加播种量。亩播种13～15千克左右，基本苗20万～24万苗。⑦肥水运筹和田间管理。看苗看雨追施化肥，及时中耕除草。⑧病虫雀鼠草害防控。在麦类扬花期至灌浆期采用"一喷三防"技术防治病虫害，提高植株抗逆能力。

适宜区域：在海拔 1 500 米以下烤烟地、蔬菜地、旱玉米地；在海拔 1 900～2 700 米的一季地或二荒地。

注意事项：①适期内尽量早播；②加大播种量。

技术依托单位：云南省农业科学院粮食作物研究所（昆明市北京路 2238 号云南省农业科学院，650205，程加省、于亚雄，0871 - 65892504、624586835@qq.com）、云南省农业技术推广总站（云南省高新区科高路新光巷 165 号，650106，沈丽芬，0871 - 64119322，slf595@163.com）。

2. 大麦绿色高产高效栽培技术

技术概述：①技术基本情况。大麦在解决云南大小春节令矛盾、冬春旱灾、冬季作物病虫害及其物种多样性利用等方面发挥出巨大优势，同时还促进了啤酒工业、畜牧业和功能食品产业的发展。丽江市绝大部分大麦种植的区域海拔在 1 800 米以上，大小春作物茬口矛盾突出，而大麦以其生育期短、用途广泛、适应性广等优点，在丽江小春生产中的作用和地位日趋凸现，特别是以玉龙县为主的金沙江河谷优质烟叶生产区，不仅能保证烤烟适时移栽，而且大麦与烤烟共同病害少、轮作病害轻，对提高烟草的品质和大麦的产量都具有较为有利的优势，目前大麦已成为禾谷类作物中最理想的烤烟前作作物，具有非常好的推广应用前景。②技术示范推广情况。该项技术被丽江市广大种植户接受和推广应用，2018 年丽江市全市示范推广 6.1 万亩。③提质增效情况。2015 年 5 月 5 日，由丽江市农业局组织市级专家进行全田机收，实收亩产为714.6 千克/亩，核心示范样板 125 亩，测产验收平均亩产为 607.1 千克，比非示范区亩增 157.1 千克，亩增经济效益 345.62 元；2016 年 5 月 8 日由云南省农业厅主持，邀请国家小麦产业技术体系、国家大麦青稞产业技术体系等省内外专家组成专家组对丽江市农科所承担的云南省大麦极量创新示范区进行了实收测产，其中和勇农户全田机械实收实测，面积 1.4 亩，亩产 724.5 千克。

技术要点：大麦播种期宜选在 10 月下旬至 11 月上旬。种子选择：种子质量应符合 GB4404.1。播种方式人工或机械条播：采用行播，做到下籽要均匀，播深 3～5 厘米，行距 25～28 厘米，播后要覆土。施肥原则：按增施有机肥，施足基肥，适当追肥的原则，特别是前作为烤烟田块，适当采取前肥后移措施，前期充分利用前作余肥，中后期适当增施肥料。病虫害防治：坚持"预防为主、综合防治"的防治原则。采用一喷三防技术措施：在大麦扬花期至灌浆期，以防治两病两虫（白粉病、条纹病、蚜虫、红蜘蛛）为重点，兼治其他病虫，防早衰、增粒重。可选用杀菌剂、杀虫剂、植物生长调节剂综合使用。可选用粉锈宁、吡虫啉、磷酸二氢钾等药剂混合喷施。秸秆还田：采取烟麦轮作＋大麦秸秆覆盖烤烟沟还田技术模式和稻麦轮作＋大麦秸秆饲用过腹还田技术模式进行秸秆还田。

适宜区域：海拔 1 800～2 400 米肥水条件较好的区域种植。

注意事项：大麦播种前应深耕、深松土壤，耕深应达到 24 厘米以上。播种前进行种子处理，播种后不宜盖土过深（3～5 厘米为宜），大麦播种后，加强田间管理及病虫害防治工作。

技术依托单位：丽江市农业科学研究所（丽江市古城区祥和路 229 号，674100，宗兴梅，13398888759，zongxingmei@sina.com）。

参考文献

程加省，于亚雄．云南早秋麦栽培技术［M］．北京：中国农业出版社，2019.

胡红梅，陆炜．大麦高产栽培［M］．北京：金盾出版社，1993.

金善宝．中国小麦学［M］．北京：中国农业出版社，1996.

赖军臣．小麦常见病虫害防治［M］．北京：中国劳动社会保障出版社，2011.

李国强，李江，吴显成，等．大理州啤酒大麦优质高产栽培技术规程［J］．大麦与谷类科学，2010（2）：13-14.

李国强，李江，张睿，等．大理州大麦育成品种及配套栽培技术［J］．大麦与谷类科学，2012（3）：16-19.

李明菊，陈万权，段霞瑜，等．125个云南小麦生产品种成株期抗条锈病及白粉病评价［J］．云南农业科技，2012（2）：4-7.

李振岐．小麦病害防治［M］．北京：金盾出版社，1994.

刘穆．种子植物形态解剖学导论［M］．北京：科学出版社，2001.

卢良恕．中国大麦学［M］．北京：农业出版社，1996.

卢良恕．中国小麦栽培研究新进展［M］．北京：农业出版社，1993.

马元喜．小麦的根［M］．北京：中国农业出版社，1999.

木金枝．玉龙县金沙江河谷大麦优质高产栽培技术［J］．云南农业科技，2016（6）：41-43.

穆家伟，杨兆春，周绍菊，等．腾冲县中高海拔地区大麦高产栽培技术［J］．大麦与谷类科学，2015（4）：38-39.

彭永欣，等．小麦栽培与生理［M］．南京：东南大学出版社，1992.

山东农学院．作物栽培学（北方本）［M］．北京：农业出版社，1980.

沈阿林，王朝辉．小麦营养失调症状图谱及调控技术［M］．北京：科学出版社，2010.

杨延华，于亚雄．云南小麦栽培［D］．昆明：云南省农村致富技术函授大学，1996.

于亚雄．云南小麦栽培技术［M］．昆明：云南科技出版社，2016.

于振文．全国小麦高产高效栽培技术规程［M］．济南：山东科学技术出版社，2015.

余松烈．中国小麦栽培理论与实践［M］．上海：上海科学技术出版社，2006.

云南省农牧渔业厅．云南省种植业区划［M］．昆明：云南科技出版社，1992.

赵广才．小麦高产创建［M］．北京：中国农业出版社，2014.

郑家文．云南大麦高产栽培技术［J］．大麦科学，2002（1）：44-46.
郑家文，张中平．云南饲料大麦栽培技术［J］．大麦与谷类科学，2015（1）：16-20.
中华人民共和国农业部组．小麦技术100问［M］．北京：中国农业出版社，2009.

图书在版编目（CIP）数据

云南省麦类生产技术问答 / 于亚雄等主编 . —北京：
中国农业出版社，2020.3
　　ISBN 978 - 7 - 109 - 26703 - 9

　　Ⅰ.①云…　Ⅱ.①于…　Ⅲ.①麦类作物－栽培技术－
问题解答　Ⅳ.①S512 - 44

　　中国版本图书馆 CIP 数据核字（2020）第 045751 号

中国农业出版社出版
地址：北京市朝阳区麦子店街 18 号楼
邮编：100125
责任编辑：闫保荣
版式设计：杜　然　　责任校对：周丽芳
印刷：北京中兴印刷有限公司
版次：2020 年 3 月第 1 版
印次：2020 年 3 月北京第 1 次印刷
发行：新华书店北京发行所
开本：700mm×1000mm　1/16
印张：7.5
字数：150 千字
定价：48.00 元